技工教育"十四五"规划教材

浙江省高职院校"十四五"重点教材

21世纪 技能创新型人才培养系列教材
智能制造与控制系列

MCGS触摸屏工程项目应用

主　审◎王腾飞

主　编◎盛　强　　郑鹏飞　　沈琦琦　　包西平

副主编◎朱智亮　　刘关宇　　孙正宜　　陈　亮

　　　　史喆琼　　谢金涛　　黄洋洋　　章　毅

　　　　袁慧娟　　杨敬娜　　王治杰　　崔　彦

U0386242

中国人民大学出版社
·北京·

图书在版编目（CIP）数据

MCGS 触摸屏工程项目应用 / 盛强等主编. -- 北京：
中国人民大学出版社，2022.12
21 世纪技能创新型人才培养系列教材. 智能制造与控
制系列
ISBN 978-7-300-31420-4

I. ① M… II. ①盛… III. ①触摸屏－高等职业教育
－教材 IV. ① TP334.1

中国国家版本馆 CIP 数据核字（2023）第 021777 号

技工教育"十四五"规划教材
浙江省高职院校"十四五"重点教材
21 世纪技能创新型人才培养系列教材·智能制造与控制系列
MCGS 触摸屏工程项目应用
主　审　王腾飞
主　编　盛　强　郑鹏飞　沈琦琦　包西平
副主编　朱智亮　刘关宇　孙正宜　陈　亮　史喆琼　谢金涛
　　　　黄洋洋　章　毅　袁慧娟　杨敬娜　王治杰　崔　彦
MCGS Chumoping Gongcheng Xiangmu Yingyong

出版发行	中国人民大学出版社		
社　　址	北京中关村大街 31 号	**邮政编码**	100080
电　　话	010 - 62511242（总编室）		010 - 62511770（质管部）
	010 - 82501766（邮购部）		010 - 62514148（门市部）
	010 - 62515195（发行公司）		010 - 62515275（盗版举报）
网　　址	http://www.crup.com.cn		
经　　销	新华书店		
印　　刷	中煤（北京）印务有限公司		
开　　本	787 mm × 1092 mm　1/16	**版　　次**	2022 年 12 月第 1 版
印　　张	9.75	**印　　次**	2025 年 2 月第 4 次印刷
字　　数	197 000	**定　　价**	49.80 元

PREFACE 前言

　　党的二十大报告指出，教育、科技、人才是全面建设社会主义现代化国家的基础性、战略性支撑。教育是国之大计、党之大计。职业教育是我国教育体系的重要组成部分，肩负着"为党育人、为国育才"的神圣使命。本教材以习近平新时代中国特色社会主义思想为指导，深入贯彻落实党的二十大精神，将思想道德建设与专业素质培养融为一体，着力培养爱党爱国、敬业奉献，具有工匠精神的高素质技能人才。

　　人机界面（Human Machine Interface，HMI）是连接可编程控制器（PLC）、变频器、现场仪表、板卡等现场设备，供操作人员与生产设备之间进行信息交换的工业控制设备，已成为工业控制领域的主流控制设备之一。触摸屏作为 HMI 基本硬件，广泛应用于生产实际。

　　本书内容可概括为一个主题和一个要求。

　　一个主题：液体混合控制系统触摸屏上位机组态工程应用。

　　在 PLC 控制技术、计算机基础等专业基础课程的基础上，讲解以触摸屏为上位机控制手段，液体混合控制系统的触摸屏上位机组态工程应用等知识，培养学生中型机电设备控制的全局观和系统观，提升初步的触摸屏或控制系统工程设计能力和研发同类控制系统的能力。

　　一个要求：分层、分类教学实施。

　　高职院校学生生源结构复杂多样，使得学生在知识储备、技能学习能力、思维能力、职业素养等方面存在一定差异。触摸屏组态工程设计能力根据触摸屏技术的使用情况，可分为基础技能和拓展提高技能等。本书根据学生自身发展的需要和触摸屏技术使用的广度和深度等方面，选择合适的技能教学方式，使学生通过努力学有所得，学有所获。

　　本书为适应高等职业院校教学改革的需求，以昆仑通态 MCGS TPC1061Ti 触摸屏为对象，对其硬件组成、嵌入版组态软件、运行环境，以及流程图组态、报警等功能进行工作手册式编写。全书共分 10 个项目：项目一介绍了 MCGS TPC1061Ti 触摸屏硬件及组态软件的使用；项目二介绍了 MCGS TPC1061Ti 触摸屏与主流 PLC 之间通信的搭建；项目三介绍了利用非标准元件绘制简单动画；项目四介绍了利用对象元件库绘制流程图；项目五介绍了触摸屏的报警组态；项目六介绍了用户授权的组态方法与应用；项目七介绍了触摸屏内置的配方管理的组态方法；项目八介绍了趋势曲线的组态设计；项目九介绍了数据一览、报表等组态方法；项目十介绍了报警策略及 PID 整定画面组态。

本书按 64 学时编写。为方便分层、分类教学实践，项目一～项目五归类为触摸屏基础技能，需要每一位同学掌握；项目六～项目十归类为拓展提高技能，学生可根据自己的能力来学习。

本书在编写过程中得到了湖州骄阳自动化科技有限公司专家和技术骨干的大力支持，在此表示诚挚的感谢！

由于时间仓促加之编者水平有限，书中难免存在疏漏之处，恳请广大读者批评指正。

编者

CONTENTS 目录

项目一　认识 MCGS 触摸屏与组态
　　　　软件 ························· 1
　　任务一　液体混合任务单 ········· 2
　　任务二　认识 MCGS 触摸屏硬件与组态
　　　　　　软件 ················· 5
　　任务三　触摸屏组态工程设计流程 ······· 10

项目二　触摸屏与 PLC 之间的通信 ····· 13
　　任务一　触摸屏通信原理 ········· 14
　　任务二　触摸屏供电电源接线 ······· 15
　　任务三　工程下载及通信状态测试 ······· 16
　　任务四　I/O 测试画面组态 ········· 29

项目三　触摸屏简单动画组态 ········· 37
　　任务一　非标准元件制作 ········· 38
　　任务二　界面标题栏简单制作 ······· 43
　　任务三　简单流程图组态设计 ······· 50

项目四　触摸屏流程图组态 ········· 61
　　任务一　下拉菜单设计 ········· 62
　　任务二　混合界面流程图绘制——对象
　　　　　　元件库的使用 ········· 65
　　任务三　灌装界面流程图绘制 ······· 80

项目五　触摸屏报警组态 ········· 93
　　任务一　报警滚动条组态 ········· 95

　　任务二　报警显示组态 ········· 97
　　任务三　报警浏览组态 ········· 100

项目六　触摸屏用户授权 ········· 105
　　任务一　用户权限管理及设置 ······· 106
　　任务二　用户授权界面组态制作 ······· 110

项目七　触摸屏配方管理 ········· 113
　　任务一　配方组态设计 ········· 114
　　任务二　配方组态制作 ········· 116

项目八　触摸屏趋势曲线组态 ········· 121
　　任务一　实时曲线 ········· 122
　　任务二　历史曲线 ········· 123

项目九　触摸屏简单报表组态 ········· 127
　　任务一　数据一览 ········· 128
　　任务二　数据报表 ········· 131
　　任务三　存盘数据浏览 ········· 134

项目十　触摸屏其他功能 ········· 141
　　任务一　报警策略——弹出式报警
　　　　　　组态 ········· 142
　　任务二　PID 整定画面组态 ········· 144

参考文献 ········· 147

项目一
认识 MCGS 触摸屏与组态软件

 学习目标

1. 了解 TPC1061Ti 触摸屏的基本硬件组成及特性。

2. 了解 MCGSE 嵌入版组态软件。

3. 了解触摸屏项目的组态设计流程。

重点难点

1. TPC1061Ti 触摸屏的通信接口及特性。

2. TPC1061Ti 触摸屏物理尺寸、安装尺寸及显示尺寸。

项目引入

人机界面（Human Machine Interface，HMI）是连接可编程控制器（PLC）、变频器、现场仪表、板卡等现场设备，供操作人员与生产设备之间进行信息交换的工业控制设备。HMI 由 HMI 硬件和 HMI 软件两部分组成，常见的 HMI 硬件有上位机计算机、触摸屏等，如 MCGS TPC1061Ti 触摸屏，一般由 CPU、显示屏、输入 / 输出接口、通信接口以及数据存储等部分组成。HMI 软件一般分为组态开发版和运行版两款，如 MCGSE 组态环境和 MCGSE 模拟运行环境。

党的二十大报告指出，实施产业基础再造工程和重大技术装备攻关工程，支持专精特新企业发展，推动制造业高端化、智能化、绿色化发展。触摸屏作为生产现场重要的人机交互设备得到广泛应用，在制造业中发挥着重要作用。

（1）触摸屏能够在生产过程中采集现场设备的实时数据信息，如温度、压力、流量、液位等，并集中进行动态显示，能够通过趋势曲线、数据报表、历史数据浏览等对生产设备状态进行控制，判断运行情况，记录生产过程数据等。

（2）报警功能。TPC1061Ti 触摸屏提供了报警条、报警显示以及报警浏览等多种报警方式。如对液位可设置上上限报警、上限报警、下限报警、下下限报警以及上偏差报警、下偏差报警等多种报警属性，当触发报警设置值时控制系统自动发出报警。

（3）可视化操作。设计人员可以通过图元、图符以及动画构件等组态"可视化"的流程图界面，如百分比填充动画构件通过组态后可实现液位等数据的"可视化"呈现，还可以通过输入框、趋势曲线等为生产设备配置和修改生产工艺参数，如 PID 参数等，监视和查看整个生产设备的控制过程。

（4）数据报表归档功能。在实时数据库中的组对象有数据对象的存盘功能，能够存储数据对象的报警信息、变量数值等，并以数据的形式进行记录，还可以使用历史表格功能实现数据报表的组态，供现场操作人员调阅与分析用。

（5）配方管理。在生产过程中不同规格的产品往往其工艺参数不尽相同，设计人员可以将不同规格产品的工艺参数组态成不同的配方，方便现场操作人员根据产品规格进行调用。

设计人员在首次使用 MCGS 触摸屏时，需要充分了解 MCGS 触摸屏硬件和 MCGSE 嵌入版组态软件，掌握所选触摸屏及组态软件的各种特性参数，如显示屏尺寸、组态软件的使用方法，还要对触摸屏工程项目设计开发流程有一定的了解。

（1）认识 MCGS 触摸屏硬件。设计人员要充分了解 TPC1061Ti 触摸屏物理特性、通信接口及电源接口等；根据设备安装位置和尺寸要求完成触摸屏的选型并完成设备安装；当选定触摸屏硬件后需要对 MCGSE 嵌入版组态软件进行学习，掌握基本的组态设计方法。

（2）设计人员还需要掌握触摸屏工程项目开发设计流程，根据客户要求进行触摸屏等控制设备的选型，再依次进行前期控制系统设计、控制设备采购、设备安装与接线、工业现场系统联调及设备投运等环节，最终完成工程项目的开发。

通过本项目的学习，能够认识 TPC1061Ti 触摸屏硬件，掌握触摸屏的安装等技能，同时对触摸屏组态工程设计流程有一个大致的了解。

HMI 实际应用
（课程介绍）

任务一　液体混合任务单

1. 任务概述

假设你是某公司的电气设备装调人员，公司现有液体混合设备 1 套，能够完成两种液体的自动化混合作业，但是随着设备使用年限的增加，控制面板上的按钮经常会出现如接触不良等小故障。现公司要求利用 HMI 对现有设备进行升级改造，使之在原有自动控制功能的基础上，增加部分功能使之能够实现两种不同种类液体的混合，且可以手动控制、自动控制，其中自动控制包括：单周期混合控制和连续混合控制。

液体混合装置示意图如图 1－1 所示。

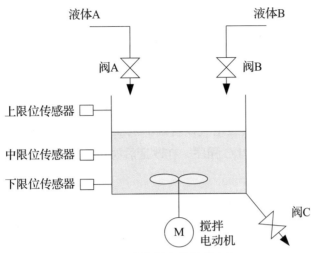

图 1-1 液体混合装置示意图

说明：假设混合罐高度为 2 000mm。

2. 工作任务说明

（1）现有设备控制功能描述。

1）初始状态：开始时混合罐是空的，各阀门均处于关闭状态，各限位传感器无信号。

2）自动控制模式：按下"启动"按钮，控制系统将自动顺序运行，首先打开阀 A，液体 A 流入容器，当中限位开关变为 1 状态时，关闭阀 A，并打开阀 B，液体 B 流入容器；当液位到达上限位开关时，关闭阀 B，电动机 M 开始运行，搅动液体使之混合均匀，5min 后停止搅动，并打开阀 C，放出混合液；当混合液液位下降至下限位开关之后再过 20s，容器放空且关闭阀 C，一个工作周期结束，系统回到初始状态。

（2）改造后功能要求描述。

1）在现有自动控制的基础上，增加手动控制模式，使之能够实现手动开关阀 A、阀 B、阀 C 和搅拌电动机 M 的启停控制。

2）自动控制模式下须对循环周期数进行设置，并对当前完成的混合次数进行统计并在 HMI 上实时显示。

3）增加"停止"按钮，当按下"停止"按钮后，控制系统能在当前混合周期的操作结束后，自动停止工作，并返回初始状态。

4）自动包括单周期混合控制和连续混合控制工作模式，均在 HMI 上进行操作，急停按钮除外。

5）为避免紧急情况或当出现险情时进一步扩大故障，控制系统必须有急停功能。

6）把现有开关量型限位传感器更换成模拟量型限位传感器（选做）。

模拟量传感器参数如下：

量程：0 ～ 2 000mm；

输出信号：4 ～ 20mA。

7）增加温度控制模拟量 Pt100 传感器，配套变送器，量程 0 ～ 200℃，输出信号 4 ～ 20mA 或 1 ～ 5V（二选一）。

（3）控制系统设计要求。

1）现有条件：已完成改造的西门子 S7-1200 PLC 程序 1 套。

2）角色扮演：假设你是一位电气设备维护工程师（或电气控制系统设计师）。

3）工作任务：根据现有 PLC 程序，在改造后实现上述功能并完成系统调试。

（4）任务介绍。

子任务 1：设计通信测试界面

设计 MCGS 触摸屏与西门子 S7-1200 系列 PLC 之间的通信测试界面。

要求：

1）自行建立实习数据库、连接 PLC 变量。

2）当通信成功时，能够显示"通信正常"；通信错误时，能够显示"通信异常"。

3）界面标题区需有设计单位 LOGO 等信息，如图 1-2 所示。

**职业技术学院 **VTC　　　　　　　　　　　日期时间　年-月-日 时:分:秒

图 1-2　画面标题区

提示：

1）自行设计并完成通信测试界面。

2）可翻阅 MCGSE 组态软件自带帮助文档（驱动连接帮助文档）、西门子 PLC 编程软件使用手册等技术文档。

子任务 2：MCGS 触摸屏与西门子 S7-1200 系列 PLC 之间的通信电缆的制作

要求：

1）通信电缆制作器材准备。器材：RJ45 水晶头 2 只、网线 2m；网线压线钳 1 把、测线仪 1 只；电缆制作用技术手册或帮助文档 1 份。

2）根据技术资料完成通信电缆焊接或制作。

3）符合维修电工操作规范，参考《维修电工国家职业标准》。

4）结合任务 1 完成触摸屏与 PLC 之间的通信连接。

提示：

1）网线制作标准可按 EIA568A 或 EIA568B 标准。

2）可翻阅 MCGSE 组态软件帮助文档、西门子 S7-1200 可编程控制器系统手册等技术文档。

子任务 3-1：阅读 PLC 程序并完成实时数据库设计及连接

阅读给定 PLC 程序并根据程序完成实时数据库设计，完成与 PLC 之间的驱动连接。

要求：

1）阅读 PLC 程序并理解控制程序功能。

2）完成实时数据库与 PLC 之间的驱动连接。

子任务 3 - 2：HMI 画面设计及动画连接

完成手动控制 HMI 画面、自动控制 HMI 画面及手动 / 自动切换画面设计。

要求：

1）完成手动控制模式控制 HMI 画面设计。

①建立相应的手动按钮，控制阀 A、阀 B、阀 C 和搅拌电动机，并对其状态进行显示。

②对混合罐液位进行显示。

2）完成自动控制模式控制 HMI 画面设计。

①可显示已完成的周期数统计。

②可进行周期数、搅拌时间及放空时间的设置。

3）完成手动 / 自动切换控制 HMI 画面设计。

● 画面应用手自动切换开关、单周期工作切换开关、连续工作切换开关。

● 手动 / 自动切换开关功能：切换手动控制、自动控制两种模式。

● 单周期工作模式切换开关功能：打开或关闭单周期工作模式。

● 连续工作切换开关功能：打开或关闭连续工作模式。

● 打开单周期工作模式，自动复位连续工作模式；反之亦然。

注：定时器时基为 100ms，而定时时间单位为 min（分钟）和 s（秒），注意时间单位变换。

子任务 3 - 3：调试及运行

完成 HMI 画面的调试及运行控制。

要求：连接西门子 S7-1200 PLC，完成以下调试与运行控制。

1）手动 / 自动切换开关功能调试及运行控制。

2）单周期工作功能调试及运行控制。调试手动控制按钮，如：按下阀门 A 手动按钮，阀门 A 是否打开（PLC 上是否有输出），阀门 A 状态是否正确显示（HMI 画面上是否有显示）。

3）连续工作功能调试及运行控制。在连续工作模式下，设置好周期数、搅拌时间、放空时间，按下 PLC 上的启动按钮，系统是否自动运行，各阀门状态、搅拌电动机状态是否显示。

任务二　认识 MCGS 触摸屏硬件与组态软件

1. 认识 TPC1061Ti 触摸屏

MCGS TPC1061Ti 触摸屏是一套基于先进的 ARM v7 架构的应用处理器 Cortex-A8

CPU 为核心的高性能嵌入式一体化触摸屏，其主频达 600MHz。TPC1061Ti 采用 10.2in（1in=0.025 4m）高亮度 TFT 液晶显示屏（分辨率 1 024 像素 ×600 像素）及四线电阻式触摸屏（分辨率 4 096×4 096），预装 MCGSE 嵌入式组态软件运行版，具备强大的图像显示和数据处理功能。

TPC1061Ti 触摸屏物理特性见表 1－1。

表 1－1　TPC1061Ti 触摸屏物理特性

产品特性			
液晶显示屏	10.2in TFT	触摸屏	电阻式
背光灯	LED	输入电压	24 ± 20%V DC
显示颜色	65 535 真彩	额定功率	5.5W
分辨率	1 024 像素 ×600 像素	处理器	Cortex-A8，600MHz
显示亮度	200cd/m²	组态软件	MCGS 嵌入版
内存	128MB	铁电存储	可扩展
系统存储	128MB	SD 卡存储	可扩展
外部接口		环境条件	
串行接口	COM1、COM2，可扩展 COM3、COM4	存储温度	–10℃～ 60℃
USB 接口	1 主 1 从	工作温度	0℃～ 45℃
以太网口	10/100M 自适应	工作湿度	5% ～ 90%
产品规格		认证	
机壳材料	工业塑料	产品认证	CE/FCC
面板尺寸	274mm × 193mm	防护等级	IP65 前面板
机柜开孔	261mm × 180mm	电磁兼容	工业三级

MCGS TPC1061Ti 触摸屏拥有丰富的通信接口，集成了 10/100M 自适应的以太网通信接口、串口、USB 接口等，如图 1－3 所示。

通过以太网通信接口能够使 TPC1061Ti 触摸屏实现工程组态项目的下载、与西门子 SIMATIC S7–1200、S7–200SMART 的以太网通信；通过串口能够使 TPC1061Ti 触摸屏实现与西门子 SIMATIC S7–200、三菱 FX3U 等 PLC 的 RS232 和 RS485 的串口通信；通过 USB2 从口能够实现 TPC1061Ti 触摸屏的工程下载；此外，USB1 主口兼容 USB2.0，可用于读取制作的 U 盘综合功能包。

通信及供电电源接口说明及示意图见表 1－2。

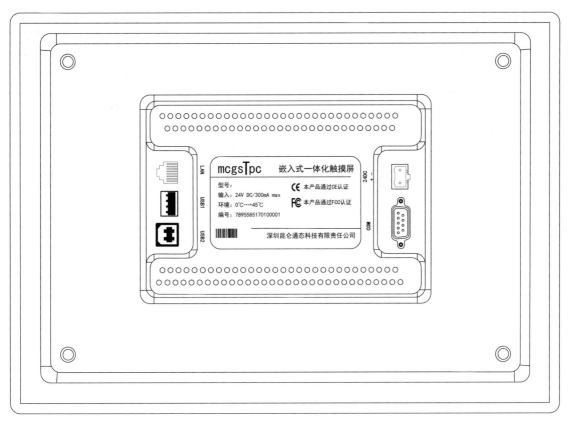

图 1-3 TPC1061Ti 触摸屏背面通信接口

表 1-2 TPC1061Ti 触摸屏背面通信及供电电源接口说明及示意图

序号	通信 / 电源接口	说明	接口示意图
1	以太网口 RJ45	10/100M 自适应	
2	串口 DB9	1×RS232、1×RS485	
3	USB1 主口	1×USB2.0	

续表

序号	通信／电源接口	说明	接口示意图
4	USB2 从口	有	
5	供电电源接口	24±20%V DC	

2. TPC1061Ti 触摸屏安装

根据表 1-2 可知，TPC1061Ti 触摸屏其面板尺寸为 274mm×193mm，如图 1-4 所示。

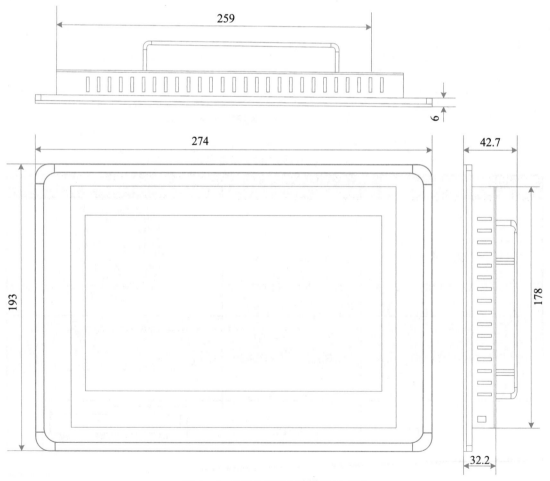

图 1-4　TPC1061Ti 触摸屏尺寸图

TPC1061Ti 触摸屏安装角度介于 0°～30°，且其机柜安装开孔尺寸为 261mm×180mm，如图 1-5 所示。

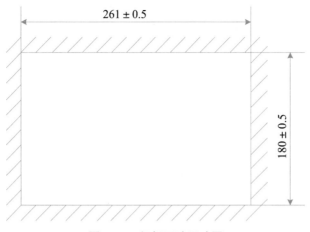

图 1-5 机柜开孔尺寸图

3. 认识 MCGSE 嵌入版组态软件

MCGSE 嵌入版组态软件是适用于 MCGS 触摸屏的用于快速组态监控系统的组态软件。MCGSE 嵌入版组态软件通过对工业控制现场实时数据的采集、处理，以实时动画显示、报警处理（实时报警、历史报警等）、工艺流程控制及数据报表等多种工艺流程处理方式，解决实际工业控制工程问题，在工业自动化领域有着广泛的应用。

MCGSE 嵌入版组态软件分为 MCGSE 组态环境和 MCGSE 模拟运行环境两个软件。

目前市场上主流计算机硬件基本能够满足 MCGSE 组态环境的运行要求；

MCGSE 模拟运行环境能够运行在 X86 和 ARM 两种类型的 CPU 上。

另外，MCGSE 嵌入版组态软件对计算机的软件也有要求，目前市场上主流计算机操作系统基本能够满足组态环境的运行需求，模拟运行环境要求运行在实时多任务操作系统上。

MCGSE 嵌入版组态软件组态环境由主控窗口、设备窗口、用户窗口、实时数据库和运行策略五个部分组成。其中用户窗口占据触摸屏的绝大部分面积，供用户组态界面使用，可以组态不同的动画构件，如按钮、百分比填充等，在运行时直接把监控信息呈现给用户，通过组态图形对象等完成不同的控制功能。

（1）主控窗口，构造了触摸屏应用系统的主框架。主控窗口确定了触摸屏工程组态的总体轮廓，以及运行流程、菜单命令、特性参数和启动特性等项内容。

（2）设备窗口，是触摸屏运行环境软件读写外部设备数据对象的中介，是专门用来设置不同类型和功能的设备构件，实现对外部设备的操作和控制。触摸屏运行环境软件通过设备构件（设备驱动程序）实时读取外部设备，如 PLC、板卡等设备的运行数据，再把数据存入实时数据库中，供用户窗口中调用，或把实时数据库中的数据写入外部设备，直接控制现场工业控制设备或生产设备。

（3）用户窗口，实现了数据对象和工艺流程的"可视化"。在触摸屏组态工程中最多可定义 512 个用户窗口，能够满足触摸屏工程组态应用。设计人员在组态时可以使用三种不同类型的图形对象：图元、图符和动画构件。"图元"包括矩形、圆角矩形、椭圆、标签等，"图符"包括平行四边形、等腰梯形、菱形等，其中提供了完善的设计制作图形画面和定义动画的方法，如填充颜色、水平移动、垂直移动、显示输出等；"动画构件"包括输入框构件、流动块构件、百分比填充构件、实时曲线、历史曲线、自由表格、历史表格、存盘数据浏览构件等，是从工程实践经验中总结出的常用的动画显示与操作模块，可以直接使用。

（4）实时数据库，是 MCGSE 嵌入版组态软件的核心，用户可以根据需求自行定义多个数据对象。MCGSE 嵌入版使用自建文件系统中的实时数据库来管理所有实时数据，采用面向对象技术，提供了系统各个功能部件数据的共享。实时数据库就像一个数据处理中心，起到交换公用数据的作用，如从 PLC 等外部设备采集来的实时数据，如内部变量等其他数据都存入/来自实时数据库。实时数据库所存储的单元，不仅存有数据对象的数值，还包括数据对象的特征参数及对该变量的操作方法，如数据对象的报警属性、报警处理和存盘处理等。

（5）运行策略，包括启动策略、循环策略和退出策略三种已提供的运行策略，同时还允许设计人员创建或定义最多 512 个用户策略。启动策略在运行环境开始运行时调用，退出策略在运行环境退出运行时调用，循环策略由运行环境在运行过程中定时循环调用。

MCGSE 嵌入版组态软件组态环境体系结构如图 1 - 6 所示。

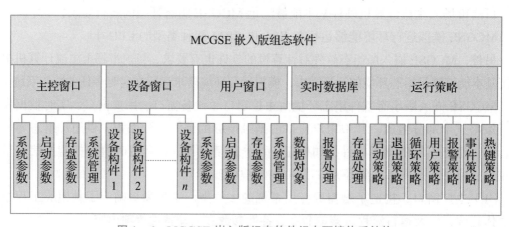

图 1 - 6　MCGSE 嵌入版组态软件组态环境体系结构

任务三　触摸屏组态工程设计流程

除了 PLC 控制系统设计（电气原理图设计、控制程序编程等），触摸屏组态工程也是很多设计人员非常关心的问题。如何设计一个美观、操作方便的组态工程，并能有效地完成触摸屏控制与 PLC 控制的匹配，对设计人员而言是一个相对复杂的工程控制设计过程。

　　一般情况下，触摸屏组态工程设计流程与上位机计算机组态工程一致。一方面，触摸屏工程项目设计比上位机计算机组态工程项目相比更简单一些，往往不会涉及大量的数据库存储及报表组态设计；但另一方面，因触摸屏比上位机计算机的显示尺寸小很多，更追求控制画面的精简以及控制界面的人性化。对于不同的工程项目，提出的控制要求也千差万别，但一般可以从以下几个方面进行考虑。

　　1. 触摸屏组态工程设计的控制要求

　　（1）输入输出等数据对象情况：包括输入输出数据对象（不含内部变量）的具体数量及参数，如报警参数等。若触摸屏组态工程项目与 PLC 控制一体化开发时，触摸屏输入输出数据对象可以统一考虑，但如果触摸屏组态工程是为已有设备进行技术升级改造，则需要对设备原有控制功能进行分析或分析研读设备程序后进行数据对象的确定。

　　（2）机器设备或生产线控制要求：一般情况下，触摸屏往往和 PLC 设备一起共同完成机器设备或生产线的控制要求。

　　（3）控制界面组态：根据用户需求确定控制界面类型，包括流程图界面、数据显示界面、参数设置界面、操作控制界面等。

　　（4）报表组态：确定是否需要报表功能，如需报表功能，还需确定报表采集数据周期、采集数据变量，是否需要进行数据计算等，此外还需确定报表样式。

　　（5）工业现场项目实施：根据电气原理图和现场设备安装的实际情况，设计设备安装布线图样，并开展设备安装布线、调试及系统投运等工作。

　　2. 触摸屏组态工程设计的工序

　　不管是触摸屏组态工程，还是上位机计算机组态工程都是围绕用户提出的项目要求，设计人员根据要求依次进行工程项目的前期控制系统设计、控制设备采购、设备安装与接线、工业现场系统联调及设备投运等环节。

　　在工程项目的前期控制系统设计和触摸屏硬件选型的基础上，设计人员将开展触摸屏的控制界面组态设计工序，组态并设计现场操作人员的操作控制用界面，如设备操作界面、流程图界面、参数设置界面等。一般情况下，组态设计工序按照以下的步骤实施。

　　（1）设备连接组态：根据硬件选型及所需连接的设备，完成设备的添加及通道连接。

　　（2）实时数据库组态：根据现场设备，如 PLC 等设备的输入输出信号及触摸屏内部信号等输入实训数据库变量。

　　（3）设备与实时数据库之间的变量连接：在相应的设备连接驱动内组态连接实时数据库变量与 PLC 通道之间的连接。

　　（4）操作画面组态：完成触摸屏控制功能，如监控画面、操作画面、流程图等。

　　（5）其他组态：如触摸屏的运行策略等组态。

项目二

触摸屏与 PLC 之间的通信

学习目标

1. 掌握触摸屏安装与供电电源接线。
2. 掌握触摸屏与 PLC 等设备之间的通信连接。
3. 掌握触摸屏工程下载方法。
4. 掌握触摸屏通信电缆的制作方法。
5. 了解触摸屏与 PLC 等设备之间的通信原理。
6. 了解并具备一定的安全意识。

重点难点

1. 触摸屏安装及供电电源接线方式。
2. 触摸屏通信电缆制作。
3. 触摸屏与 PLC 等设备之间的通信连接。
4. 触摸屏与 PLC 等设备之间通信状态测试。

项目引入

　　触摸屏应用领域极为广泛，覆盖所有与自动化系统监测、自动化控制有关的工业及民用领域，包括纺织机械、包装机械、工程机械、小型机床、楼宇自动化、农业设施以及环境保护装备等。MCGS TPC1061Ti 触摸屏是一款品质优良，集成了 10/100M 自适应的以太网通信接口、RS232 串口、RS485 串口等通信接口的高性能 10.2in 触摸屏，能够与 10 余个主流品牌可编程控制器（PLC）、变频器、仪表以及工控机模块等进行通信，适用于各行各业、各种应用场合中的自动化监测与控制场景。

　　分析："通信正常，组态工程往往成功了一大半。"这充分表明建立起触摸屏（TPC）与可编程控制器（PLC）等工业控制设备之间良好的、稳定的通信是极其重要的。本项目需要进行以下操作：TPC1061Ti 触摸屏与主流品牌 PLC 之间的通信电缆制作、通信状态测试以及 I/O 信号测试。

具体做法：

（1）完成 TPC1061Ti 触摸屏与西门子 SMATIC S7-200、S7-200 SMART、S7-1200 等系列 PLC 之间以及与三菱 FX3U、FX5U 等系列 PLC 的通信电缆制作。

（2）利用 MCGSE 嵌入版组态软件的"通信状态"通道，实现通信状态测试。

（3）通过指示灯等对象元件，实现 I/O 信号测试用户窗口的组态。

通过本项目的学习，能够了解触摸屏的通信原理，掌握制作 TPC1061Ti 触摸屏与主流可编程控制器（PLC）的通信电缆的方法，完成相应的 I/O 测点测试画画组态。

任务一 触摸屏通信原理

MCGS TPC1061Ti 触摸屏集成了 10/100M 自适应的以太网通信、RS232 串口、RS485 串口等接口，工程技术人员可以利用以太网 RJ45 接口实现与 PLC 等设备之间的以太网通信，通过串口 COM1 接口实现与 PLC 等设备之间的 RS232 通信以及通过串口 COM2 接口实现与 PLC 等设备之间的 RS485 通信。

开放式系统互联参考模型（Open Systerm Interconnection，OSI）是国际标准化组织（International Standards Organization，ISO）和国际电报电话咨询委员会联合制定的通信功能分层模型，把网络通信分为物理层、数据链路层、网络层、传输层、会话层、表示层和应用层 7 层，简称 OSI 七层模型，如图 2-1 所示。

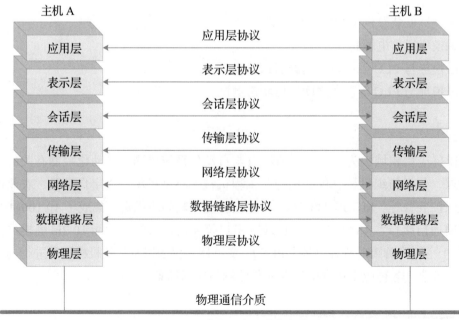

图 2-1 开放式系统互联参考模型

（1）第一层为物理层。物理层机械性能：接口的形状、尺寸的大小、引脚的数目和排列方式等；电气性能：接口规定信号的电压、电流、阻抗、波形、速率及平衡特性等；工程规范：接口引脚的意义、特性、标准；工作方式：确定数据位流的传输方式，如：单工、半双工或全双工。

物理层协议有：美国电子工业协会（EIA）的 RS232、RS422、RS423、RS485 等；国际电报电话咨询委员会（CCITT）的 X.25、X.21 等。物理层的数据单位是位（bit），典型设备是集线器。

（2）第二层为数据链路层。数据链路层屏蔽传输介质的物理特征，使数据可靠传送，包括介质访问控制、连接控制、顺序控制、流量控制、差错控制和仲裁协议等。链路层数据单位是帧，实现对 MAC 地址的访问，典型设备是交换机。

（3）第三层为网络层。网络层管理连接方式和路由选择。网络层的数据单位是包，使用的是 IP 地址，典型设备是路由器。这一层可以进行流量控制，但流量控制更多的是使用第二层或第四层。

（4）第四层为传输层。传输层提供端到端的服务，可以实现流量控制、负载均衡。传输层信息包含端口、控制字、校验和。传输层协议主要是 TCP 和 UDP。传输层使用的设备是主机本身。

（5）第五层为会话层。会话层主要是通过会话进行身份验证、会话管理和确定通信方式。一旦建立连接，会话层的任务就是管理会话。

（6）第六层为表示层。表示层主要是解释通信数据的意义，如代码转换、格式变换等，使不同的终端可以表示，还包括加密与解密、压缩与解压缩等。

（7）第七层为应用层。应用层直接面向用户的程序或服务，包括系统程序和用户程序，例如 www、FTP、DNS、POP3 和 SMTP 等都是应用层服务。

数据在发送时是数据从应用层至物理层的一个打包的过程；接收时是数据从物理层至应用层的一个解包的过程。

从功能角度上，可将模型分为 3 组，第 1、2 层解决网络信道问题，第 3、4 层解决传输问题，第 5、6、7 层处理对应用进程的访问。

从控制角度上可将模型分为 2 组，第 1、2、3 层是通信子网层，第 4、5、6、7 层是主机控制层。

任务二　触摸屏供电电源接线

MCGS TPC1061Ti 触摸屏采用直流 24V 电源供电（电压范围 24±20%V DC）。电源接口及引脚定义参考表 2-1。

表 2 - 1   电源接口及引脚定义

通信 / 电源接口	说明	接口示意图	引脚号	引脚定义
供电电源接口	24 ± 20%V DC		1	电源正极（+）
			2	电源负极（-）

TPC1061Ti 触摸屏供电电源接线步骤：

（1）电源线压接。首先，确定电源线导线颜色，电源线正极（+）用棕色电线，电源线负极（-）用蓝色电线；其次，使用剥线钳将触摸屏电源线的导线绝缘层剥开，接着用压线钳压接接线鼻子；最后，将电源线插入触摸屏供电电源接口的接线端子中，并使用一字螺钉旋具将电源插头拧紧，即完成触摸屏供电电源插头的接线。

（2）将压接好供电电源的电源插头插入 TPC1061Ti 触摸屏的电源插座中，完成触摸屏供电电源连接。

建议采用截面积为 0.75mm² 以上的导线，如 RV0.75 mm²；触摸屏供电电源建议采取独立供电方式，开关电源参考输出功率 15W。触摸屏供电原理图如图 2 - 2 所示。

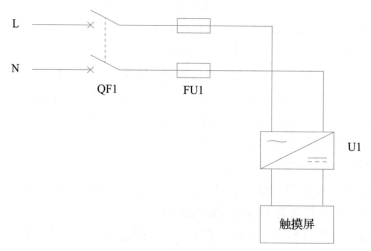

图 2 - 2   触摸屏供电原理图

任务三   工程下载及通信状态测试

1. 常用触摸屏 -PLC 通信电缆制作

根据表 2 - 2 可知，MCGS TPC1061Ti 触摸屏背面的 RJ45 接口是以太网接口，可以实现与三菱 FX5U/ 西门子 7-200 SMART/ 西门子 S7-1200 等系列 PLC 设备之间的以太网通信。

表2-2　以太网通信电缆

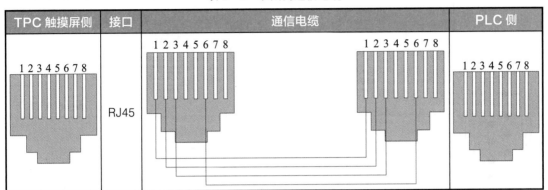

以太网网络制作采用EIA568B标准，EIA568B标准脚位表见表2-3。

表2-3　EIA568B标准脚位表

引脚	1	2	3	4	5	6	7	8
对应颜色	橙白	橙	绿白	蓝	蓝白	绿	棕白	棕

以太网网络制作步骤如下：

（1）双绞线剥线。利用剥线钳的剪线刀口将网线线头进行剪平处理，再将网线剪平侧插入剥线刀口内，慢慢旋转将网线的保护层划开，取下保护胶皮即完成网线的剥线工序。

（2）双绞线理线。将网线的8根导线根据表2-3完成整理与排序，再将整理完毕的网线用剥线钳的剪线刀口剪平。

（3）双绞线插线。左手捏紧RJ45水晶头并将有弹片的一侧朝下，开口朝右，此时引脚1靠近身体；右手捏平网线的8根导线，橙白色导线即引脚1对应的导线靠近身体，用力将排序后的8根导线平行插入RJ45水晶头的线槽。

（4）压接水晶头。将所有8根导线都插入到位后，将RJ45水晶头放入压线钳，用力捏压紧线头，听到清脆的"咔"一声即可。

用相同的方法完成另一端的RJ45水晶头。

（5）测试网线。使用网线测线仪对压接好的网线进行检测。确认网线压接完好，否则网线断路、漏压会导致无法通信。

MCGS TPC1061Ti触摸屏背面的DB9接口，其引脚2和引脚3是RS232接口COM1。MCGS触摸屏与三菱FX系列PLC之间可以通过与DIN8编程下载接口（RS422）或232BD通信板实现联机通信。RS232通信电缆见表2-4。

表 2 - 4　RS232 通信电缆

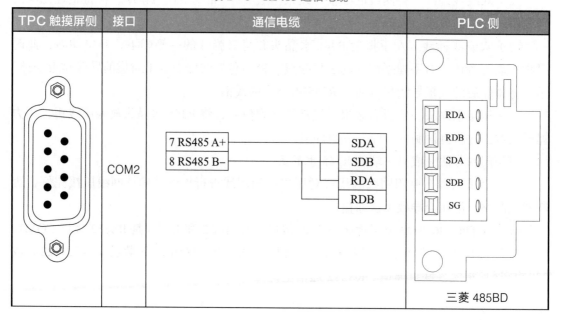

MCGS TPC1061Ti 触摸屏背面的 DB9 接口，其引脚 7 和引脚 8 是 RS485 接口 COM2。MCGS 触摸屏与三菱 FX2N/FX3U 系列 PLC 之间可以通过 485BD 通信板或 485ADP 通信模块实现联机通信，与西门子 S7 系列 PLC 之间的通信可以通过自带的串口接口（PPI 协议）实现联机通信，如 S7-200/S7-200 SMART 系列 PLC 的串口。RS485 通信电缆见表 2 - 5。

表 2 - 5　RS485 通信电缆

续表

TPC 触摸屏侧	接口	通信电缆	PLC 侧
	COM2	7 RS485 A+ —— 3 RS485 信号 B 或 TxD/RxD+ 8 RS485 B– —— 8 RS485 信号 A 或 TxD/RxD–	西门子 PPI 接口

2. 通信测试界面组态

MCGS TPC1061Ti 触摸屏背面的 RJ45 接口和 USB2 从口（方口 USB）可用于触摸屏组态工程的下载。安装好 MCGS 嵌入版组态软件，可在计算机桌面上看到以下两个图标。

　MCGSE 组态环境　　　　　　　MCGSE 模拟运行环境

在正式开始进行触摸屏组态之前，需要新建一个工程文档，将系统的配置信息集中、完整地体现在组态文件中。新建工程文档的时候需要指定存放路径及文件名。双击桌面 MCGSE 组态环境图标　或者在操作系统开始菜单中选择相应的快捷方式，弹出如图 2-3 所示 MCGS 嵌入版组态环境界面。

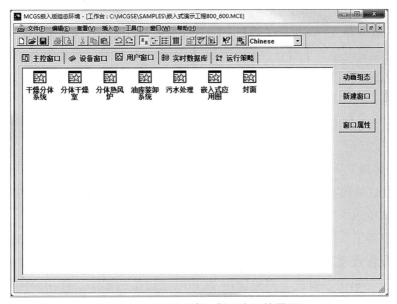

图 2-3　MCGS 嵌入版组态环境界面

MCGS 嵌入版组态软件含有多个演示组态工程，学习者可通过演示组态工程学习必要的组态设计方法，是很好的学习 MCGS 嵌入版组态软件的案例素材。

（1）新建组态工程。单击"新建"图标 或在 MCGS 嵌入版组态环境菜单中选择"文件"→"新建工程 N"，弹出"新建工程设置"对话框，如图 2-4 所示。

图 2-4 "新建工程设置"对话框

在图 2-4 中可以根据组态工程实际情况进行修改，如修改 TPC 类型、背景色及网络大小等。

在"新建工程设置"对话框中进行如下设置：

1）TPC 类型：根据实际触摸屏硬件型号进行选择，本书以"TPC1061Ti"为例进行介绍。TPC1061Ti 触摸屏为 10.2in 屏，其分辨率为 1 024 像素 × 600 像素。

基础技能项目 2-1 HMI 与 PLC 之间的连接（HMI 驱动连接）

2）背景色：默认为银色，此处选择白色。说明：白色背景色能够有效减少眼睛疲劳，保护现场操作人员视力。网格：默认列宽 20 像素、行高 20 像素。此处设置为列宽、行高均为 10 像素。

设置完成后须保存组态工程文档，并设置工程名称及指定保存位置。单击"文件"→"工程另存为"并选择相应的保存位置并命名，如命名组态文件名为"液体混合组态"。

（2）设备连接组态。建立了新的工程文档之后，首先进行父设备、子设备等通信参数的设置，实现 MCGS 触摸屏与 PLC 等设备之间的驱动连接。在 MCGS 嵌入版组态环境"工作台"界面，选择"设备窗口"标题栏，并双击"设备窗口"图标 ，进行 MCGS 嵌入版组态与外部设备（如 PLC 等控制设备）的连接。设备窗口如图 2-5 所示。

接下来添加父设备、子设备。在 MCGS 嵌入版组态环境"设备组态：设备窗口"界面，双击"设备工具箱"对话框中的"设备管理"标题栏下的驱动连接，进行 MCGS 嵌入版组态与外部 PLC 等控制设备的连接。

说明：在"设备组态：设备窗口"界面，单击菜单栏中"工具箱" 图标，可打开或关闭"设备工具箱"对话框。

如"设备管理"下没有所需的驱动连接，如 Siemens_1200 驱动连接，设计人员须自行添加相应 PLC 等设备的驱动连接，方法如下。MCGS 嵌入版组态环境默认父设备、子设备如图 2-6 所示。

1）在"设备工具箱"中单击"设备管理"，弹出"设备管理"界面，如图 2-7 所示。

2）在"设备管理"界面，添加相应的父设备和子设备。选中"通用 TCP/IP 父设备"并单击"安装"，单击"确认"完成通用 TCP/IP 父设备的添加。使用相同的方法可完成子设备的添加。

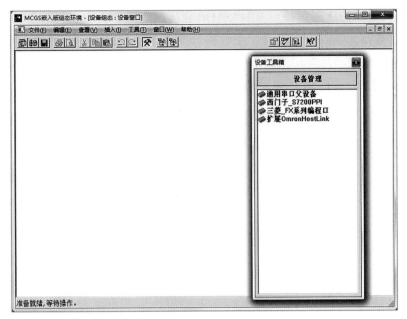

图 2-5　设备窗口

图 2-6　默认父设备、子设备

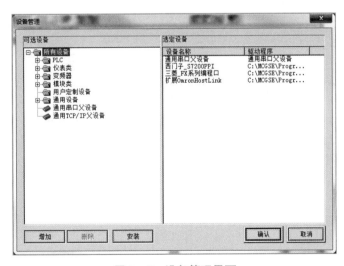

图 2-7　设备管理界面

　　父设备包含通用串口父设备、通用 TCP/IP 父设备，支持西门子 S7-200 系列、西门子 S7-200 SMART 的串口，三菱 FX 系列 FX0N、FX1N、FX2N、FX1S、FX3U 等编程口及 RS232BD、RS485BD 通信板或 RS485ADP 通信模块等。说明："Siemens_1200"设备驱动为独立设备，无须添加父设备。子设备分为 PLC、仪表类、变频器、模块类、通用设备及用户定制设备六大类。

西门子 S7-1200 系列 PLC 驱动连接，如图 2-8 所示。

图 2-8　西门子 S7-1200 系列 PLC 驱动连接

3）在"设备组态：设备窗口"界面，双击"设备 0--[Siemens_1200]"，在"设备编辑窗口"中添加相应的变量并连接通道，如图 2-9 所示。

图 2-9　设备编辑窗口

在"设备编辑窗口"的左侧是 Siemens_1200 驱动设备属性值设置区，其各设备属性如下：

- 内部属性：单击"设置设备内部属性"按钮，进入内部属性设置。
- 槽号 [Slot]：PLC 槽号，可设定范围 0～31，默认值为 2。
- 机架号 [Rack]：PLC 机架号，可设定范围 0～31，默认值为 0。此属性一般不用设置。
- TCP/IP 通信延时：通信时等待应答帧的延时时间，默认设置为 200ms，当无法正常通信时可适当增大。
- 本地 IP 地址：触摸屏或 PC 的 IP 地址。
- 本地端口：触摸屏或 PC 的端口号，默认为 3 000，建议使用 3 000 以上端口号。注意不要使用 1 024 以下的端口号，这些端口号为系统保留端口。
- 远端 IP 地址：PLC 端的 IP 地址。
- 远端端口号：PLC 端的端口号，默认 102 即可。

在图 2-9 中添加变量为通信状态，通道名称为通信状态。变量"通信状态"也可在"实时数据库"界面下进行添加。在"实时数据库"界面中，添加数值型变量或开关型变量"通信状态"。变量"通信状态"属性设置如图 2-10 所示。

图 2-10　变量"通信状态"属性设置

- 基本属性：在设置页面内的"对象名称"输入自定义的变量名称，变量名称不得超过 32 个字符或 16 个汉字，不能为"!""$"等符号或 0～9 数字作为变量名称首字符，且字符串中间不能有空格。数据的对象类型必须正确设置。不同类型的数据对象，属性内容不同，按所列栏目设定对象的初始值、最大值、最小值及工程单位等。在"对象内容注释"一栏中，输入说明对象情况的注释性文字。

- 存盘属性：MCGS 嵌入版组态软件中，普通数据对象没有存盘属性，只有"组对象"才可设置存盘属性。

- 报警属性：MCGS 嵌入版组态软件把报警处理作为数据对象的一个属性，封装在数据对象内部，由实时数据库判断是否有报警产生，并自动进行各种报警处理。使用时设计人员须先勾选"允许进行报警处理"选项，才能对变量进行报警设置，如上限报警等。

设计人员可通过 MCGS TPC1061Ti 触摸屏的内部属性，添加相应 PLC 的通道。Siemens_1200 驱动构件寄存器见表 2 - 6。

表 2 - 6　Siemens_1200 驱动构件寄存器

寄存器	数据类型	操作方式
I 输入寄存器	BT、BUB、BB、BD；WUB、WB、WD；DUB、DB、DD、DF	读写
Q 输出寄存器	BT、BUB、BB、BD；WUB、WB、WD；DUB、DB、DD、DF	读写
M 位寄存器	BT、BUB、BB、BD；WUB、WB、WD；DUB、DB、DD、DF	读写
V 数据寄存器	BT、BUB、BB、BD；WUB、WB、WD；DUB、DB、DD、DF	读写

寄存器数据类型见表 2 - 7。

表 2 - 7　寄存器数据类型

数据类型	数据长度	说明
BTdd	1 位	位 dd 范围：00 ～ 07
BUB	8 位	无符号二进制
BB	8 位	有符号二进制
BD	8 位	2 位 BCD
WUB	16 位	无符号二进制
WB	16 位	有符号二进制
WD	16 位	4 位 BCD
DUB	32 位	无符号二进制
DB	32 位	有符号二进制
DD	32 位	8 位 BCD
DF	32 位	浮点数

说明：表 2 - 7 中，第一个字母表示数据的长度，B 表示是字节数据，W 表示是字数据，D 表示是双字数据；最后一个或两个字母表示数据类型，B 表示二进制数，D 表示 BCD 码，F 表示浮点数；字符中二进制数中带 U 表示无符号数，不带 U 表示有符号数。

（3）新建用户窗口并完成通信测试界面。

1）新建一个用户窗口。在 MCGS 嵌入版组态软件的"工作台"的"用户窗口"界面，单击窗口右侧"新建窗口"按钮新建一个用户窗口，单击"窗口属性"按钮或单击鼠标右键"属性"进行"基本属性"修改，修改窗口名称为"通信状态测试"。

2）组态通信测试界面。选中用户窗口"通信状态测试"，双击鼠标左键或单击窗口右侧"动画组态"按钮打开用户窗口"通信状态测试"界面，在工具箱里选择"椭圆"⬭"和"标签" Ⓐ 工具，绘制通信测试界面，如图2-11所示。

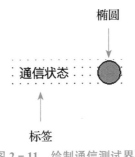

图 2 - 11　绘制通信测试界面

基础技能项目 2-2　HMI 与 PLC 之间的连接（通信测试界面）

3）"通信状态"标签属性设置。修改"标签"图元的静态属性如下：填充颜色为"没有填充"、边线颜色为"没有边线"及字体颜色与字体。

4）"椭圆"图元的属性设置。首先，设置"椭圆"图元为圆形。在用户窗口的右下角的"图形对象的大小和位置" ⬚ 394 85 中修改相应的数值，如30、30。其次，修改"椭圆"图元的静态填充颜色属性，如填充颜色为"灰色808080"、边线颜色为"没有边线"。最后，修改"椭圆"图元的动态填充颜色属性及对应表达式。勾选"颜色动画连接"中的填充颜色，连接表达式"通信状态"变量，并设置填充颜色连接的分段点。如分段点0对应绿色00FF00，分段点1对应红色FF0000，用绿色和红色分别表明通信正常、通信异常两种通信状态。通信状态通道数值含义见表2-8。

表 2 - 8　通信状态通道数值含义

通信状态值	数值含义
0	表示当前通信正常
1	初始化失败
2	表示采集无数据返回错误
3	表示采集数据校验错误
4	表示设备命令读写操作失败错误
5	表示设备命令格式或参数错误
6	表示设备命令数据变量取值或赋值错误
7	表示 PLC 错误，数据没有准备好
8	表示收到数据帧但其中部分数据存在错误
9	表示收到数据帧但数据有错误，可以查看日志记录
10	表示收到错误帧可以查看日志记录

3. 通信测试

在完成供电电源线制作并完成供电接线、制作完成工业以太网通信电缆后，须对触摸屏 TPC1061Ti 和西门子 S7-1200 系列 PLC 等设备进行通信测试，通信测试状态正常是触摸屏正常工作的基础。通信测试具体步骤如下。

网络搭建及 IP 分配：

PLC　　IP 地址：192.168.1.1；子网掩码：255.255.255.0。

HMI　　IP 地址：192.168.1.3；子网掩码：255.255.255.0。

（1）触摸屏侧通信测试准备。

1）TPC1061Ti 触摸屏通电启动及通信地址设置。在触摸屏通电启动过程中，长按触摸屏屏幕可进入触摸屏设置界面，并完成触摸屏相应的通信参数设置，如设置 TPC1061Ti 触摸屏设备地址、IP 地址等参数。这里以 IP 地址：192.168.1.3；子网掩码：255.255.255.0 为例进行设置介绍。触摸屏 IP 地址设置界面如图 2-12 所示。

触摸屏开机后，进入触摸屏系统进行相应的系统设置，进入 IP 地址设置界面方法如下：

触摸屏上电启动。触摸屏上电启动后，单击"正在启动"进度条，如图 2-13 所示，弹出"启动属性"界面。

图 2-12　触摸屏 IP 地址设置界面

图 2-13　触摸屏开机启动进度条

触摸屏启动属性界面。"启动属性"界面后，其属性设置界面如图 2-14 所示，单击"系统维护…"按钮，进入 TPC 系统设置界面。

● 启动工程：启动 McgsCE.exe 程序运行触摸屏组态工程，如果运行环境已经运行，则直接隐藏 CeSvr 主界面。

● 不启动工程：启动 McgsCE.exe 程序，但进入欢迎画面，不运行工程，如果运行环境已经运行，则直接隐藏 CeSvr 主界面。

● 系统维护：弹出系统维护对话框，即 TPC 系统设置，可进行 TPC 运行环境的参数设置。

● 导出信息：可进行系统信息、存储信息、系统参数的导出。

● 文件操作：可进行数据的删除和复制、工

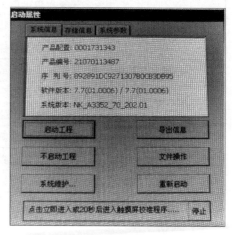

图 2-14　"启动属性"界面

程目录的导出和导入等文件操作。

● 重新启动：重新启动 TPC。

在系统信息页面可查看软件版本，如图 2-14 中，软件版本为 7.7（01.0006）/7.7（01.0006）。

触摸屏 TPC 系统设置界面。在图 2-15 所示的 "TPC 系统设置" 界面中单击 "IP 地址" 即可完成触摸屏 IP 地址设置。

触摸屏 IP 地址设置完成后，单击右上角 "OK" 完成系统设置。返回 "启动属性" 界面后，单击 "重新启动" 即可完成触摸屏 IP 地址设置。

2）触摸屏工程组态检查。在下载工程组态之前，单击 "组态检查" ☑️ 进行组态检查，检查无错误后方可下载组态工程。组态检查正确如图 2-16 所示。

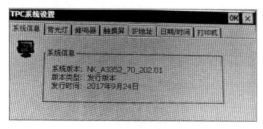

图 2-15　"TPC 系统设置" 界面

图 2-16　组态检查正确

3）触摸屏工程组态下载。使用 RJ45 以太网网线或方口 USB 电缆建立起计算机（安装有 MCGS）和 TPC1061Ti 触摸屏之间的组态通信连接，本案例采用 RJ45 以太网网线。单击 "下载工程" 📥 按钮进行组态工程下载配置，如图 2-17 所示。

● 连接方式：TCP/IP 网络、USB 通信。本案例选择 TCP/IP 网络为下载组态工程的连接方式。

● 目标机名：即触摸屏的 IP 地址。本案例以 IP 地址：192.168.0.2 为例进行下载配置。

● 运行模式：模拟运行、联机运行。本案例选择联机运行模式。模拟运行用于触摸屏组态工程项目的仿真。

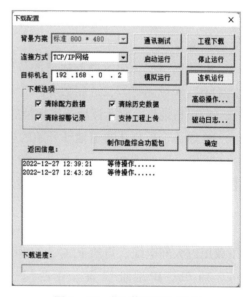

图 2-17　"下载配置" 界面

4）HMI 通信设置。在设备编辑窗口的左侧是 Siemens_1200 驱动设备属性值设置区，设备本地 IP 地址：192.168.1.3，远程 IP 地址：192.168.1.1（PLC IP 地址），如图 2-18 所示。

图 2 - 18　触摸屏侧与西门子 PLC 通信 IP 设置

根据要求，要对 PLC 的 Q0.0 进行读取设定。MCGS 侧设备通道设置如图 2 - 19 所示。

● 通道类型：表示读取的数据类型，如 I 输入继电器、Q 输出继电器、M 内部继电器和 V 数据寄存器。

● 数据类型：表示读取通道的位地址，如位（bit）、8 位无符号二进制数等。

● 通道地址：表示读取通道地址的首地址。

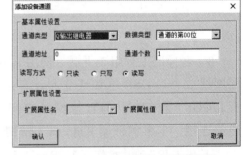

图 2 - 19　MCGS 侧设备通道设置

● 通道个数：从通道地址开始的连续通道个数。

举例说明：图 2 - 19 中通道个数为 1，即从 Q0.0 开始的连续 1 个通道。如果通道个数为 2，即从 Q0.0 开始的连续 2 个通道，如 Q0.0 和 Q0.1。

（2）PLC 侧通信测试准备。

1）西门子 S7-1200 系列 PLC 上电启动及通信地址设置。连接 PLC 与计算机之间的下载用以太网电缆，再给 PLC 上电为进行 PLC 侧 IP 地址设置做好准备。

2）PLC IP 地址设置。在西门子 TIA PORTAL 软件中设置西门子 S7-1200 系列 PLC 设备 IP 地址，如：192.168.1.1；子网掩码：255.255.255.0，实现与 MCGS 触摸屏 TPC1061Ti 在同一网段。西门子 S7-1200 IP 地址设置如图 2 - 20 所示。

3）西门子 S7-1200 PLC 与 MCGS 触摸屏 TPC1061Ti 通过以太网进行通信连接。由于 MCGS 触摸屏 TPC1061Ti 内部是通过 PUT/GET 对 S7-1200 的地址进行读取，所以需要在"防护与安全"中对 PLC 连接机制进行设定，如图 2 - 21 所示。

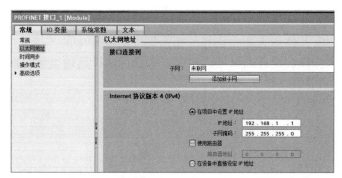

图 2 - 20 西门子 S7-1200 IP 地址设置

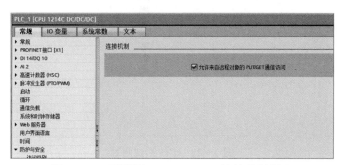

图 2 - 21 西门子 S7-1200 PLC 连接机制设定

（3）进行 MCGS 触摸屏 TPC1061Ti 与西门子 S7-1200 系列 PLC 之间的通信测试。使用 RJ45 以太网网线或 RS485 通信电缆建立起 MCGS 触摸屏 TPC1061Ti 与西门子 S7-1200 系列 PLC 之间的通信连接。本案例采用 RJ45 以太网网线，即连接走 TCP/IP 网络，可通过实时采集"通信状态"通道反馈值并图形化显示实现对触摸屏与 PLC 设备之间的通信状态监控。

任务四 I/O 测试画面组态

在 MCGS 嵌入版组态工程中，工程技术人员或设备操作人员经常需要把 PLC 控制器的 I/O 状态及其功能描述直接显示在触摸屏监控界面上，以方便现场工程师或操作人员进行监视。通常我们在 MCGS 嵌入版组态工程的设计过程中，手动将涉及的每个 I/O 点组态到控制界面上，如图 2 - 22 所示。

1. 新建一个用户窗口

在 MCGS 嵌入版组态软件的"工作台"的"用户窗口"界面，单击窗口右侧"新建窗口"按钮新建一个用户窗口，单击"窗口属性"按钮或单击鼠标右键"属性"进行"基本属性"修改，修改窗口名称为"I/O 信号测试"界面。

2. 添加 I/O 信号测试位号

选中用户窗口"I/O 信号测试"界面，双击鼠标左键或单击窗口

基础技能项目 2-3 HMI 简单动画组态（IO 输入输出界面）

右侧"动画组态"按钮打开用户窗口"I/O 信号测试"界面，在工具箱里选择"插入元件" 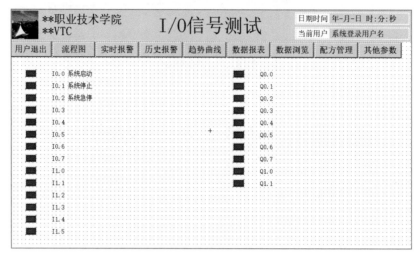 工具，在对象元件列表库中选择"指示灯"对象库中的"指示灯 6"，并增加相应"标签"图形及文字标注。设计人员可以根据需求自行选择其他类型的指示灯或对象图形。

图 2 - 22　I/O 测试画面

3. 排列及文字标

选中"指示灯 6"或"标签"图形对象图元，单击"多重复制" ⊞ 工具，在"多重复制构件"中做如下修改：

- 行列数量：水平方向个数 2，垂直方面个数 14；水平、垂直方向个数取值范围为 1 ~ 30。
- 相邻间隔：水平间隔像素 530，垂直间隔像素 30；水平、垂直间隔像素取值范围为 1 ~ 500。
- 整体偏移：水平偏移像素 0，垂直偏移像素 0。

即可完成 I/O 信号测试位号的均匀排列。

4. 修改指示灯的动画属性

鼠标左键双击"指示灯 6"图形，进入"单元属性设置"界面，单击"数据对象"选项卡中的"?"按钮，添加对应的数据对象，如图 2 - 23 所示。

🛠️ 技能拓展

1. 制作 U 盘综合功能包

MCGS TPC1061Ti 触摸屏提供了 U 盘综合功能包，能够让设计人员通过 U 盘进行批量化

图 2 - 23　指示灯数据对象连接

组态工程下载和更新 mcgsTpc 的运行环境。

（1）确认触摸屏是否适用制作 U 盘综合功能包。U 盘综合功能包只适用 128MB 和 64MB（606 主板）的 TPC。打开组态文档，在菜单栏单击"文件"→"工程设置"，打开"修改工程设置"界面，查看触摸屏 TPC1061Ti 是否适用制作 U 盘综合功能包，如图 2-24 所示。

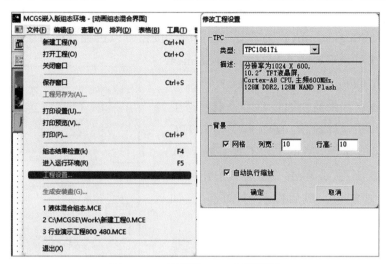

图 2-24　触摸屏 TPC 工程设置

（2）制作 MCGS 嵌入版组态工程的 U 盘综合功能包。打开要制作的 MCGS 触摸屏组态工程，在 MCGS 嵌入版组态环境中，选择"文件"→"进入运行环境"，弹出"下载配置"界面，如图 2-25 所示。

在"下载配置"界面上，单击"制作综合 U 盘综合功能包"，在弹出的"U 盘功能包内容选择对话框"中选择相应的"功能包路径"，可以选择"更新 MCGS"和"更新工程"中的任意一项或多项（默认选择更新工程），如图 2-26 所示。

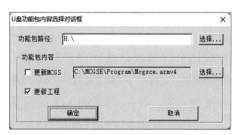

图 2-25　触摸屏 TPC"下载配置"界面　　　图 2-26　"U 盘功能包内容选择对话框"界面

● 功能包路径：生成 U 盘综合功能包的路径，MCGS 会自动设置为 U 盘路径，若有多个 U 盘，可能是其中随机的一个。若没有 U 盘 MCGS 嵌入版组态软件会默认为 C 盘，功能包路径不能选择计算机硬盘，否则会出问题。制作好综合功能包将生成的 tpcbackup 文件夹复制到 U 盘根目录下即可。

● 更新 MCGS：如果需要更新 TPC 中的 MCGS 运行环境，默认的更新文件为" C:\MCGSE\Program\Mcgsce.armv4"，单击"选择…"按钮可以选择其他目录的 Mcgsce.armv4 文件，但要求该目录下必须有保存 Mcgsce.armv4 文件信息的配置文件：McgsUpdateCfg.ini 文件。

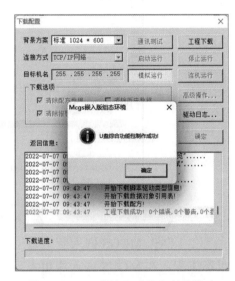

● 更新工程：如果需要通过 U 盘下载组态工程到触摸屏中，请选择该项。若工程类型与 TPC 类型不一致，可能导致下载的工程不能正常运行。

勾选"更新工程"，单击"确定"按钮开始制作 U 盘综合功能包，最后提示制作成功，如图 2-27 所示。

（3）完成组态工程下载。tpcbackup 文件就是我们制作好的 U 盘下载功能包，使用时把 U 盘插到触摸屏上的 USB 口就可以根据提示下载触摸屏组态工程。U 盘综合功能包文档如图 2-28 所示。

图 2-27　U 盘综合功能包制作成功

2. 三菱 FX3U 系列 PLC 设备连接组态

在 MCGS 嵌入版组态环境"工作台"界面，选择"设备窗口"标题栏，双击"设备窗口"图标，在"设备组态：设备窗口"下，双击"设备工具箱"中的"通用串口父设备"，再双击添加"三菱 _FX 系列编程口"，弹出如图 2-29 所示对话框。

图 2-28　U 盘综合功能包文档

图 2-29　"三菱 _FX 系列编程口"驱动对话框

说明：

● 通用串口父设备是提供串口通信功能的父设备，每个通信串口父设备与一个实际设备的物理串口对应，如 FX3U 系列 PLC 的 RS422 编程口。

● 选择"是（Y）"，则 MCGS 触摸屏使用"三菱 _FX 系列编程口"驱动的默认通信参数与三菱 FX 系列 PLC 进行设备通信连接；选择"否（N）"，则随后需手动进行通信参数的设置。

手动通信参数设置方法如下：

（1）修改通用串口设备设置。双击"通用串口父设备 0--[通用串口父设备]"，弹出如图 2 - 30 所示对话框并进行设置。

针对 FX 系列编程口的通用串口父设备通信参数设置如下：

- 通信波特率：9600（默认）、19200、38400。
- 数据位位数：7 位。
- 停止位位数：1 位。
- 数据校验方式：偶校验。

（2）修改 CPU 类型。双击"设备 0--[三菱 _ FX 系列编程口]"，在弹出的如图 2 - 31 所示对话框中，修改 CPU 类型为 FX3U。

图 2 - 30　通用串口设备属性设置

图 2 - 31　修改连接 PLC 的 CPU 类型

- 内部属性：单击"设置设备内部属性"，单击"…"进入内部属性"三菱 _FX 系列编程口通道属性设置"。
- 设备地址：PLC 设备地址默认为 0，三菱编程口为 RS232/422 通信方式，不需要进行地址的设置。
- 通信等待时间：通信数据接收等待时间，默认设置为 200ms，当采集数据量较大时，设置值需适当增大，否则会引起通信跳变。

● 快速采集次数：对选择了快速采集的通道进行快采的频率。

● CPU 类型：用户使用 PLC 的型号，0 为 FX0N、1 为 FX1N、2 为 FX2N、3 为 FX1S、4 为 FX3U，用户需根据所用 PLC 型号做相应选择。

3. 三菱 FX3U 系列 PLC 设备地址查看 / 修改方法（以 GX Works2 为例）

（1）启动三菱 GX Works2 编程软件。在安装有三菱 GX Works2 编程软件的计算机桌面上，双击打开 图标，启动 GX Works2 编程软件。三菱 GX Works2 编程软件启动过程如图 2-32 所示。

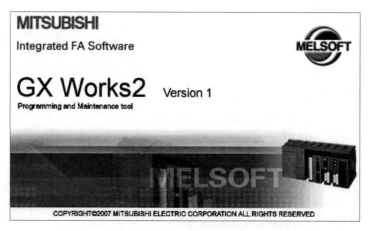

图 2-32　三菱 GX Works2 编程软件启动过程

（2）新建 FX3U 工程。在三菱 GX Works2 编程软件界面内，单击菜单"工程"→"新建工程"或单击"新建工程"快捷按钮，如图 2-33 所示。

弹出"新建工程"对话框，如图 2-34 所示，设置如下：

● 工程类型：选择"简单工程"。

● PLC 系列：选择"FXCPU"。

● PLC 类型：选择"FX3U/FX3UC"。

● 程序语言：梯形图。

单击"确定"按钮完成 PLC 工程的新建。

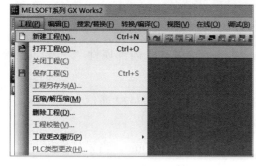

图 2-33　新建工程

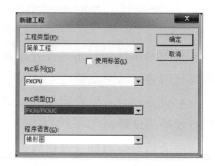

图 2-34　"新建工程"对话框

（3）修改 FX 参数设置。在"FX 参数设置"对话框页面内，勾选"进行通信设置"，如图 2-35 所示。在"站号设置"框可设置 PLC 地址，地址范围 00H ～ 0FH。注：须根据实际情况修改通信设置协议及数据长度、奇偶校验、停止位、传送速度等参数。

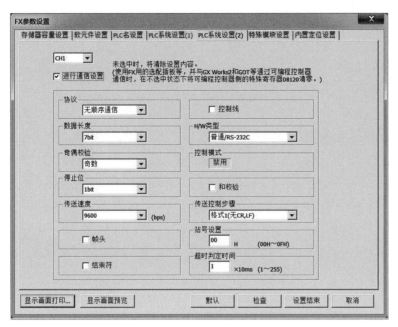

图 2-35 "FX 参数设置"界面

项目三
触摸屏简单动画组态

学习目标

1. 掌握触摸屏简单流程图的组态。

2. 掌握公共窗口的绘制及组态。

3. 掌握利用工具箱绘制非标准元件的方法。

4. 了解 MCGS 嵌入版内部系统变量的应用。

5. 了解触摸屏工作界面功能分区划分。

6. 了解相关国家标准，具备一定的工程素养。

重点难点

1. 矩形、圆角矩形、椭圆及多边形或折线等工具的使用。

2. 百分比填充工具的动画属性设置及组态。

3. 标签工具的显示输出功能的动画属性设置及组态。

项目引入

党的二十大报告指出，要"深入实施人才强国战略"，努力培养造就包括高技能人才在内的国家战略人才力量。

本项目遵循人才培养模式，结合触摸屏简单动画组态讲解了 MCGS 组态软件工具箱中的各种工具的应用。读者可在学做结合的过程中完成图 3-1 所示的触摸屏流程图的绘制及动画组态。

分析：此图为触摸屏简单流程图，旨在通过流程图的组态掌握基本的流程图绘制方式及动画组态。

（1）图 3-1 中"瓶子"和"泵"为非标准图形对象，在 MCGS 嵌入版组态软件中未提供相似的简化图形对象，需要用户在流程图组态时自行绘制。

（2）图 3-1 中"阀门"和"百分比填充"等为组态软件自带工具，用户可直接调用。

（3）图 3-1 中管道、流体等颜色须根据相关国家标准进行调整。

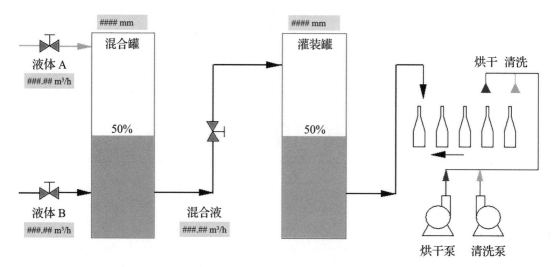

图 3-1　触摸屏简单流程图组态

具体做法：

（1）利用 MCGS 嵌入版组态软件工具箱中提供的"多边形或折线""矩形""圆角矩形""椭圆"等基本工具，绘制非标准图形对象元件。

（2）根据触摸屏工程界面功能分区设计，完成标题栏、翻页按钮及组态区的功能划分及相应功能的实现，如利用系统变量可实现系统信息的动画显示。

（3）在组态流程图时，首先完成静态流程图的绘制；再完成管道并设置流动方向及文字等标注；最后完成动态流程图的组态。

通过本项目的学习，能够掌握 MCGS 嵌入版组态软件工具箱的使用方法以及简单流程图的组态设计。

基础技能项目
3-1　流程图
组态－基本图
形的使用

任务一　非标准元件制作

在 MCGS 嵌入版组态软件中提供了大量的图形对象元件，如阀、泵、反应器、储藏罐等 20 余种图形对象分类近 1 000 个图形对象图元。组态软件自带的图形对象图元极大地减少了设计人员的工作量，同时也极大地提升了画面组态美观度。但在进行触摸屏画面组态过程中，自动化设计人员往往还需要用到组态软件未提供的非标准的图形对象元件，如瓶子等，才能完成触摸屏组态界面的工作任务，这就需要自行绘制。

1. 绘制瓶子

利用 MCGS 嵌入版组态软件工具箱中的基本图形工具，如"多边形或折线" ◻ 工具绘制非标准图形对象元件——瓶子。

（1）新建一个用户窗口。在 MCGS 嵌入版组态软件的"工作台"的"用户窗口"界面，单击窗口右侧"新建窗口"按钮新建一个用户窗口，单击"窗口属性"按钮或单击鼠标右键"属性"进行"基本属性"修改，修改窗口名称为"运行界面"。

（2）绘制瓶子。选中用户窗口"运行界面"，双击鼠标左键或单击窗口右侧"动画组态"按钮打开用户窗口"运行界面"，在工具箱里选择"多边形或折线" 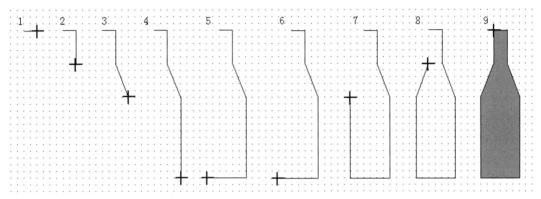 工具，绘制瓶子元件。非标准元件瓶子绘制流程如图 3 - 2 所示。

图 3 - 2　非标准元件瓶子绘制流程

选择"多边形或折线" 工具。首先，在用户窗口"运行界面"中，单击确定瓶子元件的起点，此时光标为铅笔形状；然后，拖动光标可拖出虚线状线段，此时光标为十字形状，单击可确定折线拐点；最后，拖动光标至瓶子元件的起点位置，双击即可完成非标准元件瓶子的绘制。

注意：折线和多边形的区别。当双击完成瓶子元件绘制时，如能够自动弹出"动画组态属性设置"对话框，则绘制的元件是多边形闭合线段，可以进行填充颜色等属性修改；否则绘制的是折线，无填充颜色等属性修改功能。

（3）保存非标准元件。非标准元件瓶子绘制好后，可以对绘制好的元件瓶子进行保存，以便后续工程组态时能够方便调用。

保存元件方法如下：选中要保存的元件，选择菜单"编辑"→"保存元件（S）..."命令即可保存元件，如图 3 - 3 所示。保存后可在"对象元件库管理"界面中，单击"改名"修改元件名称，如修改元件名称为"瓶子"。

图 3 - 3　保存元件

2. 绘制水泵

利用 MCGS 嵌入版组态软件工具箱中的基本图形工具，如"矩形"□、"圆角矩形"□、"椭圆"□等工具绘制非标准图形对象元件——水泵。

（1）选择所需工具并拖至画面中。在工具箱里选择"矩形" 🔲 或"圆角矩形" 🔘、"椭圆" ⬭ 以及"多边形或折线" 🔷 工具，绘制矩形、圆形以及等腰三角形 3 个图形对象，如图 3-4（a）所示。

（2）设置图形对象的填充色。选中并双击"矩形"图形对象，弹出"动画组态属性设置"对话框，修改填充颜色为白色，如图 3-4（b）所示。

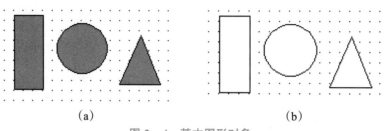

（a）　　　　　　　　　　　　（b）

图 3-4　基本图形对象

（3）调整图形对象的大小及位置。使用"绘图编辑条"完成图形对象的相对位置和大小调整、翻转、分布、层次排列、组合与分解等。"水泵"图形对象组合图如图 3-5 所示。

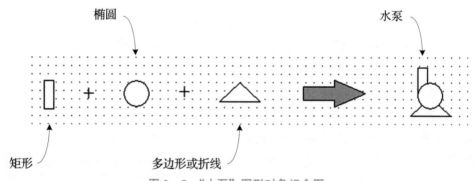

图 3-5　"水泵"图形对象组合图

（4）保存非标准元件。选中要保存的元件，选择"编辑"→"保存元件 S..."命令保存元件，并在"对象元件库管理"界面中修改元件名称为"水泵"。

在"水泵"图形对象组合过程中用到了"绘图编辑条"，在后续的流程图绘制过程中也将大量使用到"绘图编辑条"的各项功能。"绘图编辑条"能够实现多个图形对象的相对位置和大小调整、等距分布、图形对象的方位调整、层次排列等图形编辑功能，如图 3-6 所示。

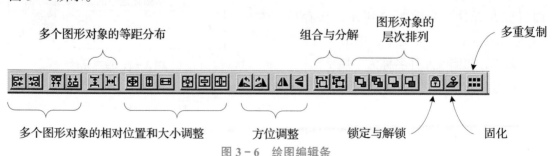

图 3-6　绘图编辑条

"绘图编辑条"功能说明见表 3 - 1。

表 3 - 1　"绘图编辑条"功能说明

图标	名称	功能说明	图标	名称	功能说明
多个图形对象的相对位置和大小调整			图形对象的方位调整		
	左边界对齐	左边界对齐		左旋 90°	把被选中的图形对象左旋 90°
	右边界对齐	右边界对齐		右旋 90°	把被选中的图形对象右旋 90°
	顶边界对齐	顶边界对齐		Y 翻转	把被选中的图形对象沿 Y 方向翻转
	底边界对齐	底边界对齐		X 翻转	上下镜像，把被选中的图形对象沿 X 方向翻转
	中心对齐	所有选中对象的中心点重合	图形对象的层次排列		
	纵向对中	所有选中对象的中心点 Y 坐标相等		置于最前面	把被选中的图形对象放在所有对象的最前面
	横向对中	所有选中对象的中心点 X 坐标相等		置于最后面	把被选中的图形对象放在所有对象的最后面
	等高宽	所有选中对象的高度和宽度相等		向前一层	把被选中的图形对象向前移一层
	等高	所有选中对象的高度相等		向后一层	把被选中的图形对象向后移一层
	等宽	所有选中对象的宽度相等	图形对象的组合与分解		
多个图形对象的等距分布				构成图符	多个图元或图符构成一个新的图符
	纵向等间距	被选中的多个图形对象沿 Y 方向等距离分布		分解图符	把图符分解成若干图元（可分解图符）
	横向等间距	被选中的多个图形对象沿 X 方向等距离分布	对象的固化与激活		
对象的锁定与解锁				固化与激活	固化选中的图形对象、激活所有固化的图形对象
	锁定与解锁	锁定选中的图形对象		多重复制	复制一个选定的对象为多个规划排列的对象

　　在对多个图形对象进行相对位置、大小调整等操作时，须对将要操作的图形对象或字符进行选取操作。在组态过程中，选中图形对象时，在该选中对象周围显示多个小方块，称为拖拽手柄，即表示该图形对象被选中。如果按住键盘 Ctrl 键，利用鼠标左键可

逐个选中多个图形对象，完成多个图形对象的选取。

当有多个图形对象被选中时，拖拽手柄为黑色实心小方块的图形对象为当前对象，如图 3-7 所示的圆形图形对象。注意图形对象选取的区别，图 3-7 中圆形图形对象为黑色小方块，三角形图形对象为白色小方块。黑色实心小方块的图形圆形为当前对象，当进行多个图形对象的相对位置和大小调整等操作时，黑色实心小方块的图形为参照对象。另外，单击键盘上的 Tab 键，可依次选择所需对象。

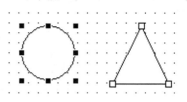

图 3-7　对象的选取

3. 调色板使用

调色板在动画组态属性设置方面有广泛用途，如对图形对象的填充颜色、边线颜色及字符颜色等属性的修改。"动画组态属性设置"窗口如图 3-8 所示。

在"动画组态属性设置"中的"静态属性"设置方面，填充颜色、边线颜色、字符颜色这 3 个静态属性均可进行颜色调整，且提供标准、常用、灰度 3 种颜色类型选择，如图 3-9 所示。

图 3-8　"动画组态属性设置"窗口

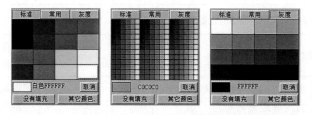

图 3-9　标准、常用及灰度颜色调整

当组态过程中需要更多、更丰富的颜色表达，选择以上 3 种颜色类型不能有效调整颜色时，可单击"其他颜色"按键调出"颜色"选择对话框。设计人员可根据 RGB 颜色值、色调、饱和度及亮度自行修改颜色，如图 3-10 所示。另外，在调整静态属性填充颜色时，可选择没有填充；在调整边线颜色时，可选择没有边线并可根据需求调整边线类型。

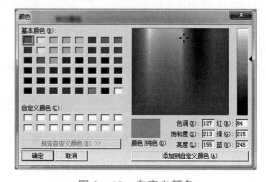

图 3-10　自定义颜色

任务二　界面标题栏简单制作

基础技能项目
3－2　HMI 简
单动画组态
（HMI 工程界
面框架）

MCGS TPC1061Ti 触摸屏为 10.2in TFT 液晶屏，屏幕分辨率为 1 024
像素 ×600 像素。在组态设计过程中，为了充分利用显示屏可对屏幕进
行功能分区设计，使组态画面更直观、统一。

1. 工程界面功能分区

在组态触摸屏工程画面或用户窗口时，可根据用户窗口组态设计的
功能定位对屏幕进行功能分区设计，如可分为界面标题区、翻页按钮
区、组态（流程图）功能区等分区，如图 3－11 所示。设计人员可根据工程项目情况自行
调整增减功能分区。

图 3－11　触摸屏显示屏功能分区示意图

2. 标题区绘制

在触摸屏组态工程界面中，有两个相对固定的功能分区，如界面标题区和翻页按钮
区。设计人员可以利用 MCGS 嵌入版组态软件"工具箱"中的"位图""标签"等工具实
现对界面标题区的二次功能细分，如图 3－12 所示。

LOGO及单位名称	页面名称	系统信息等

图 3－12　标题区二次功能细分示意图

使用"位图"图、"标签"A 等工具，设计并绘制界面标题区。界面标题区组态效
果如图 3－13 所示。

（1）组态标题区。在 MCGS 嵌入版组态软件"工作台"界面下，新建用户窗口并修
改窗口名称为"公共窗口"。使用工具箱中的"矩形"□或"圆角矩形"□工具，绘制

标题框。用户窗口及标题框相关设置如图 3 - 14 所示。

图 3 - 13　界面标题区组态效果

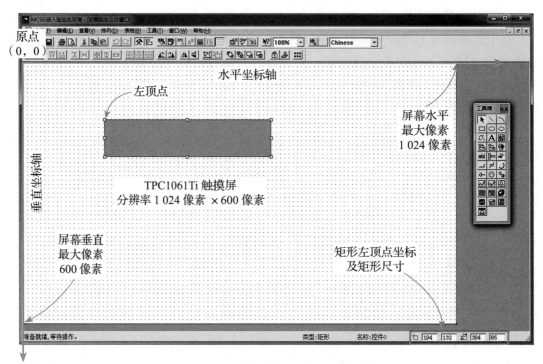

图 3 - 14　用户窗口及标题框相关设置

用户窗口的右下角，在"图形对象的大小和位置" ![图标] 调整栏，修改"矩形"图形对象的左顶点坐标为（0，0），图形对象大小为 1024 像素 ×80 像素。另外，设计人员还可根据实际情况进一步修改"矩形"图形对象的填充颜色和边线颜色等属性。"图形对象的大小和位置"调整栏，如图 3 - 15 所示。

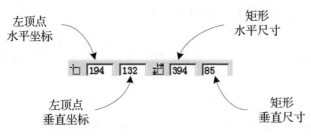

图 3 - 15　"图形对象的大小和位置"调整栏

（2）组态位图 LOGO 及文字显示。选择工具箱中的"位图" ![图标] 工具，按住鼠标左键并拖动鼠标至合适大小，即可完成"位图"图形对象图元的放置。选中"位图"图形对象

图元，单击鼠标右键，在弹出菜单中选择"装载位图（K）"，插入一张 BMP 格式图片，如
图 3-16 所示。使用"图形对象的大小和位置"调整栏修改
位图的坐标及尺寸大小。

图 3-16　装载位图

选择工具箱中的"标签" A 工具，按住鼠标左键并拖
动鼠标至合适大小，即可完成"标签"图元对象的放置，如
图 3-17 所示。

标签构件：在 MCGS 嵌入版组态软件中，标签构件除了
具有文本标记的功能之外，还具有以下动画组态功能：

- 输入输出连接：显示输出、按钮输入、按钮动作等功能；
- 位置动画连接：水平移动、垂直移动、大小变化等功能；
- 颜色动画连接：填充颜色、边线颜色、字符颜色等功能；
- 特殊动画连接：可见度、闪烁效果等功能。

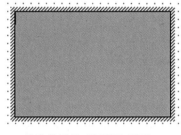

首次放置的"标签"图元
（a）

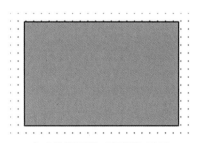

完成放置后的"标签"图元
（b）

图 3-17　"标签"图元对象的放置

在"标签"图元对象的"扩展属性"（文本标记功能）中可输入相应的文本内容及对齐方
式。图 3-17（a）为鼠标拖动后首次完成放置的"标签"图元，可在光标处直接输入文本内
容；图 3-17（b）为完成放置后的"标签"图
元，此时已不能直接进行文本内容的输入，只
能通过双击或选中"标签"图元再单击右键并
选择"属性"的方式进行"扩展属性"的修改。

在"标签动画组态属性设置"的"扩展
属性"中进行文本内容的输入，如："** 职
业技术学院"等；然后在"扩展属性"中选
择对齐方式，如在"对齐：水平"选择"靠
左"，用户也可自行选择其他对齐方式，如
图 3-18 所示。

在"属性设置"中，填充颜色修改为"没
有填充"，边线颜色修改为"没有边线"，字符

图 3-18　"标签动画组态属性设置"框

颜色修改为黑色及字体为"宋体、常规、二号"字；使用"图形对象的大小和位置"调整栏调整"标签"图元坐标及尺寸大小，如：坐标（80，0）、大小 220 像素 ×80 像素。标题 LOGO 区组态效果如图 3－19 所示。

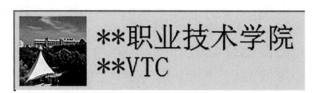

图 3－19　标题 LOGO 区组态效果

（3）系统日期时间显示。在"界面标题区"右侧，设计系统信息等显示。使用"标签"图元，放置方法同上一步，分别绘制两个"标签"图形对象图元，分别输入文字"日期时间"和"年－月－日　时：分：秒"，效果如图 3-20 所示。

图 3－20　标题系统信息区组态效果

图 3－20 中，"日期时间"标签属性可设置为：填充颜色为"白色"，边线颜色为"没有边线"，字符颜色为"黑色"，字体为"宋体 常规 四号字"。"年－月－日 时：分：秒"标签属性为：填充颜色为"没有填充"，边线颜色为"没有边线"，字符颜色为"黑色"，字体为"宋体 常规 四号字"。另外，用户也可使用"矩形"工具制作日期时间显示底框。

到此，完成了系统信息日期时间的静态画面的组态，接下来，需要对系统日期时间进行动态显示组态。

图 3-20 中，在"年－月－日　时：分：秒"标签处，双击或单击右键并选择"属性"，在"输入输出连接"中选择"显示输出"；并在"显示输出"选项卡页面的表达式处，单击"？"，选择系统表达式"$Date"和"$Time"，表达式之间增加空格，则完成的表达式为 $Date+" "+$Time，且输出值类型为"字符串输出"，如图 3-21 所示。

【注意】：在表达式 $Date+" "+$Time 中需要注意以下两点：

● 表达式的组合。表达式 $Date+" "+$Time 由表达式 $Date、$Time 两个表达式组成，两个表达式之间利用"＋"进行多个表达式的组合。另外，不是所有表达式都可以组合，如在

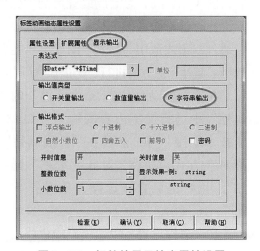

图 3－21　标签的显示输出属性设置

输出时不能进行表达式的组合。

● 英文双引号""之间为空格（英文双引号为英文半角状态）。

完成标题区的组态后，可以通过 MCGS 嵌入版组态软件的仿真功能对标题区的系统日期时间进行动态显示，仿真效果如图 3-22 所示。

图 3-22 中，在仿真状态下能够实时获取系统日期时间并进行动态显示。在仿真环境下，显示的日期时间为计算机时间；在触摸屏运行环境下，则为触摸屏的系统时间。设计人员也可设置读取 PLC 等设备中的日期、时间等变量信息并进行动态显示。

| | 日期时间 | 2022-04-11 14:43:17 |

**职业技术学院
**VTC

图 3-22　系统日期时间仿真效果

3. 系统变量

在 MCGS 嵌入版组态软件内部还定义了一些数据对象，称之为 MCGS 嵌入版系统变量，如在标题区组态过程中，使用到的 $Date 和 $Time 两个系统变量。

在触摸屏工程组态过程中，设计人员可直接调用这些系统变量。为了和用户自定义的数据对象进行区分，系统变量的名称以 $ 符号为第一个字符。MCGS 嵌入版系统变量多数用于读取系统内部设定的参数，只有值的属性，没有最大值、最小值及报警属性。MCGS 嵌入版组态软件各个系统变量见表 3-2。

表 3-2　系统变量

序号	系统变量名称	类型	读写属性	对象意义
1	$Year	数值型	只读	读取触摸屏内部的当前年份，范围：1111 ~ 9999
2	$Month	数值型	只读	读取触摸屏内部的当前月份，范围：1 ~ 12
3	$Day	数值型	只读	读取触摸屏内部的当前日，范围：1 ~ 31
4	$Hour	数值型	只读	读取触摸屏内部的当前小时，范围：0 ~ 24
5	$Minute	数值型	只读	读取触摸屏内部的当前分钟，范围：0 ~ 59
6	$Second	数值型	只读	读取触摸屏内部的当前秒数，范围：0 ~ 59
7	$Week	数值型	只读	读取触摸屏内部的当前星期，范围：1 ~ 7
8	$Date	字符型	只读	读取触摸屏内部的当前日期，字符串格式为：年-月-日，如：2022-01-01
9	$Time	字符型	只读	读取触摸屏内部的当前时刻，字符串格式为：时:分:秒，如：21:12:55
10	$Timer	数值型	只读	读取自午夜以来所经过的秒数

续表

序号	系统变量名称	类型	读写属性	对象意义
11	$RunTime	数值型	只读	读取应用系统启动后所运行的秒数
12	$PageNum	数值型	读写	表示打印时的页号，当系统打印完一个用户窗口后，$PageNum 值自动加 1。用户可在用户窗口中用此数据对象来组态打印页的页号
13	$UserName	字符串型	只读	在程序运行时记录当前用户的用户名。若没有用户登录或用户已退出登录，"$UserName"为空字符串
14	InputETime	字符型	读写	系统内建数据对象，用于手动输入结束时间
15	InputSTime	字符型	读写	系统内建数据对象，用于手动输入开始时间
16	InputUser1	字符型	读写	系统内建数据对象，用于手动输入用户 1
17	InputUser2	字符型	读写	系统内建数据对象，用于手动输入用户 2

4. 公共窗口

公共窗口是包含一组公共对象的用户窗口，可以被其他用户窗口引用。为了降低设计人员在进行触摸屏组态时的工作量，可把名称为"公共窗口"的用户窗口制作成公共窗口。

设置公共窗口方法如下：打开用户窗口或新建窗口"流程图"，单击选中"流程图"窗口并修改窗口属性，在"用户窗口属性设置"中的"扩充属性"选项卡中进行公共窗口的选择，如图 3 - 23 所示。

图 3 - 23　公共窗口设置

5. 标签构件

在"标题区绘制"部分介绍了标签构件的使用，接下来重点介绍标签动画组态功能的使用方法。

（1）输入输出连接功能。

在触摸屏组态过程中，为使标签图形对象能够用于数据显示，实现动画连接，标签构件可自主增加输入输出属性的动画连接方式，主要有显示输出、按钮输入和按钮动作等。

"显示输出"用于实时显示数据对象的数值；"按钮输入"用于操作人员输入数据对象的数值；"按钮动作"用于响应来自触摸屏的操作，执行特定的功能。

1）标签构件的"显示输出"功能组态页面如图 3 - 24 所示。

● 表达式：此项为必填项，用于设置标签构件所连接表达式的变量名称。单击右侧"？"按钮，打开"变量选择"对话框，可以方便地查找已经在实时数据库中定义的所有数据对象（含系统变量）。当选择变量未定义时，也可手动输入变量名称，单击"确认"后输入，返回"显示输出"页面后单击"检查"按钮即可添加未定义变量。

- 输出值类型：此项为必填项，有开关量输出、数值量输出和字符串输出三种类型。
- 输出格式：此项用于设置变量的格式显示，包括"浮点输出""十进制""十六进制""二进制""自然小数位""四舍五入""前导0""密码"。选择"开关量输出"时，这些数据格式都不可用，只能修改"开时信息"和"关时信息"。选择"数值量输出"时，如选择"浮点输出"，可以附加使用"四舍五入"和"前导0"；如不选择浮点输出，可以使用"十进制""十六进制""二进制"。选择"字符串输出"时，"密码"项可以使用。
- 显示效果：可以预览输出值的显示效果。
- 单位：此项是可选项。当输出值类型为数值型时，可设置单位。

2）标签构件的"按钮输入"功能组态页面如图3-25所示。

图3-24　显示输出

图3-25　按钮输入

"按钮输入"连接可使标签图元对象具有数值输入功能，当单击设定的标签图元对象时，将弹出输入窗口，用于输入数据对象的值。

3）"按钮动作"连接不同于按钮输入，按钮输入是在单击具体标签图元对象时进行信息输入，而按钮动作则是响应用户的单击按键动作或键盘按键动作，完成预定的功能操作。标签构件的"按钮动作"功能组态页面如图3-26所示。

- 执行运行策略块：执行运行策略中指定的策略块，需提前组态策略块。
- 打开用户窗口：若该窗口已经打开，则激活该窗口并使其处于最前层。

图3-26　按钮动作

- 关闭用户窗口：若该窗口已经关闭，则不进行此项操作。
- 打印用户窗口：打印指定的用户窗口。
- 退出运行系统：退出运行环境、退出运行程序、退出操作系统和重新启动操作系统。
- 数值对象值操作：把指定的数据对象的值"置1""清0"或"取反"，且只对开关型和数值型数据对象有效。

（2）位置动画连接功能。

位置动画连接功能包括图元对象的水平移动、垂直移动和大小变化三种属性。具体使用详见项目四。

（3）颜色动画连接功能。

颜色动画连接就是指将图形对象的颜色属性与数据对象的值建立相关性关系，使图元、图符对象的颜色属性随数据对象值的变化而变化，用这种方式实现颜色不断变化的动画效果，包括填充颜色、边线颜色和字符颜色三种，如图3-27所示。只有"标签"图元对象才有字符颜色动画连接。

（4）特殊动画连接功能。

在 MCGS 嵌入版组态软件中，特殊动画连接包括"可见度"和"闪烁效果"两种方式，

图 3-27　填充颜色

用于实现图元、图符对象的"可见与不可见"交替变换和图形"闪烁"效果。MCGS 嵌入版组态软件中的每一个图元、图符对象都可以定义特殊动画连接的方式。

基础技能项目 3-3 HMI 简单动画组态（面板按钮的使用）

任务三　简单流程图组态设计

1. 翻页按钮栏

翻页按钮可以实现多个用户窗口的打开和关闭，在实际 MCGS 触摸屏工作组态时可以使用 MCGS 嵌入版组态软件"工具箱"中的"标准按钮"或"标签"的"按钮动作"功能来实现。

（1）组态翻页按钮。使用"工具箱"中的"标准按钮" 按钮 或"标签" Ａ 的按钮动作功能及"工具栏"中的"多重复制" 等工具组态翻页按钮区。

【方法1】使用"标准按钮"实现翻页功能。在"流程图"窗口中，选择工具箱中的"标准按钮" 按钮 工具绘制标准按钮，在"图形对象的大小和位置"调整栏

中调整"标准按钮"图形对象的尺寸及位置，属性如下：左顶点坐标（0，80）、图形对象大小 110 像素 ×40 像素。

　　选中"标准按钮"图形对象，双击或右击选择"属性"。在"标准按钮"的"基本属性"中文本内容可暂时不修改，在后期使用时再另行修改。用户可根据需求自行调整"基本属性"中的文本颜色和字体、背景色及边线色等。在"操作属性"中，勾选"打开用户窗口"并选择"运行界面"窗口，如图 3-28 所示。

● 执行运行策略块：勾选此项可指定用户所建立的策略块。说明：MCGS 嵌入版组态软件系统固有的三个策略块（启动策略块、循环策略块、退出策略块）不能被标准按钮构件调用。

● 打开用户窗口、关闭用户窗口：勾选此项可以设置打开或关闭一个指定的用户窗口。

● 打印用户窗口：勾选此项可以设置打印一个指定的用户窗口。

● 退出运行系统：勾选此项用于退出当前环境，系统提供"退出运行环境""退出运行程序""退出操作系统""重新启动操作系统"和"关机"五种操作。

● 数据对象值操作：勾选此项一般用于对开关型对象的值进行"置1""清0"和"取反"等操作。"按1松0"操作表示鼠标在构件上按下不放时，对应数据对象的值为1，而松开时，对应数据对象的值为0；"按0松1"的操作则相反。注意：此项在"抬起功能"和"按下功能"操作指令有所不同。

● 按位操作：此项主要用于操作指定的数据对象的指定位（二进制形式）。

● 清空所有操作：快捷地清空两种状态的所有操作属性设置。

"基本属性"页面如图 3-29 所示。

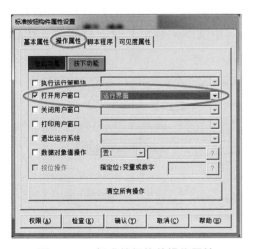

图 3-28　标准按钮构件操作属性

图 3-29　标准按钮构件基本属性

● 按钮状态：按钮默认为"抬起"状态，如需设置为"按下"状态动作，选择"按下"按钮即可。

- 文本：标准按钮构件上显示的文本内容。可快捷设置两种状态使用相同文本。
- 图形设置：勾选"使用图"按钮可选择"位图"或"矢量图"作为标准按钮构件的背景图，并可设定是否显示图形实际大小。可进行效果预览，包括：状态、文本及其字体颜色、背景色、背景图形、对齐效果。
- 文本颜色、字体 Aa：设定显示文字的颜色和字体。
- 边线色：设定构件边线的颜色。
- 背景色：设定构件文字背景颜色，当选择图形背景时，此设置不起作用。
- 使用相同属性：在选择"抬起""按下"两种状态时是否使用完全相同属性。默认为选中，即"抬起""按下"两种状态下属性相同。
- 水平对齐、垂直对齐：指定构件上的文字对齐方式，背景图案的对齐方式与标题文字的对齐方式正好相反。包括水平对齐——"左对齐""中对齐""右对齐"和垂直对齐——"上对齐""中对齐""下对齐"。
- 文字效果：指定构件上的文字显示效果，包括"平面效果""立体效果"两种效果。
- 按钮类型："3D 按钮"是具有三维效果的普通按钮；"轻触按钮"则实现了一种特殊的按钮轻触效果，适于与其他图形元素组合成具有特殊按钮功能的图形。
- 使用蜂鸣器：设置触摸屏运行时按钮点击是否有蜂鸣声，默认不选中。

【方法 2】使用"标签"实现翻页功能。选择"工具箱"中的"标签" Ａ 工具绘制"标签"图形对象，在"图形对象的大小和位置"调整栏中调整"标签"图形对象的尺寸及位置，属性如下：左顶点坐标（0，80）、图形对象大小 110 像素 ×40 像素。

选中"标签"图形对象，双击或右击并选择"属性"。在"标签"的"属性设置"中，勾选输入输出连接中的"按钮动作"，并在"按钮动作"中勾选"打开用户窗口"并选择"运行界面"，如图 3 - 30 所示。"扩展属性"中文本内容可暂时不做修改，在后期使用时再另行修改。

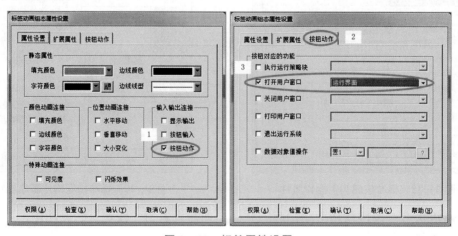

图 3 - 30　标签属性设置

（2）多重复制翻页按钮。选中"标准按钮"或"标签"图形对象图元，单击"多重复制"▦工具，在"多重复制构件"中做如下修改：

- 行列数量：水平方向个数9，垂直方面个数1，水平、垂直方向个数取值范围为1～30。
- 相邻间隔：水平间隔像素1，垂直间隔像素10，水平、垂直间隔像素取值范围为1～500。
- 整体偏移：水平偏移像素0，垂直偏移像素0。

翻页按钮栏组态效果如图3-31所示。后期可根据需要按上一步方法修改"基本属性"和"操作属性"等属性设置，如修改"打开用户窗口"为对应的用户窗口，最终完成翻页按钮栏的组态。

图3-31　翻页按钮栏组态效果

2. 简单流程图组态

在触摸屏组态工程中，绘制简单的流程图可非常形象地展示组态工程的具体情况，如混合罐混合过程中的测量参数。混合罐工艺流程图如图3-32所示。

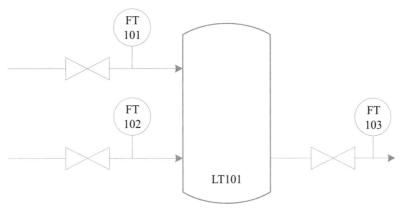

图3-32　混合罐工艺流程图

在图3-32中，FT101、FT102、FT103分别为3个流量变量器位号，用于测量液体A、液体B和混合液的流量。

（1）组态静态流程图。在进行静态流程图组态时选择所需的对象元件图形，在"流程图"用户窗口中，选择"工具箱"中的"百分比填充"▨及在"插入元件"▤中选择"阀门"和"任务一　非标准元件制作"中的非标准元件——"瓶子"和"水泵"，并放置在用户窗口合适的位置，如图3-33所示。

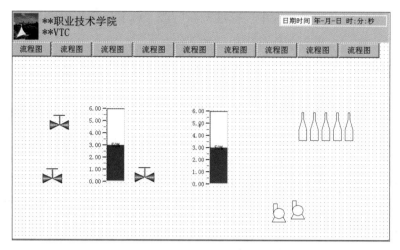

图 3-33　静态流程图

（2）放置管道并设置流动方向、标注文字。在"运行界面"用户窗口中，可使用工具箱中的"流动块" 工具设置管道内流体的流动方向，也可使用带箭头的线段来表示流动方向。这里采用带箭头的线段来表示流动方向。流程图效果如图 3-34 所示。

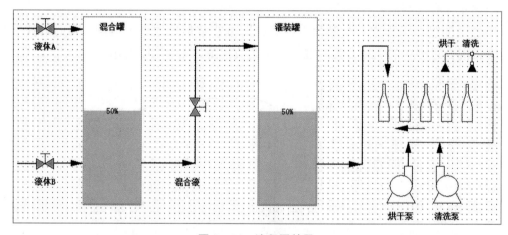

图 3-34　流程图效果

（3）设置百分比填充的属性。百分比填充构件基本属性如图 3-35 所示。

● 构件颜色：设置和调整构件颜色，包括背景颜色、填充颜色、字符颜色。

● 边界类型：用于设置百分比填充构件的边界形式，包括无边框、普通边框和三维边框 3 种类型。

● 不显示百分比填充信息：勾选此项将不在构件中显示百分比填充信息。

百分比填充构件刻度与标注属性如图 3-36 所示。

● 刻度：用于设置主划线和次划线的数目、颜色、长宽（长度和宽度）。

● 标注属性：设置标注文字的颜色、字体、标注间隔和标注的小数位数。

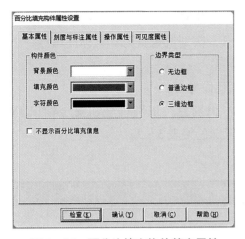

图 3 – 35　百分比填充构件基本属性

图 3 – 36　百分比填充构件刻度与标注属性

- 标注显示：设置是否显示标注以及标注的显示位置，如在左（上）边显示、在右（下）边显示和在左右（上下）显示。

百分比填充构件操作属性如图 3 – 37 所示。

- 表达式：连接表达式为百分比填充构件所对应的数值型表达式，用于把表达式的数值转化成动画方式进行图形显示。

- 填充位置和表达式值的连接：设置没有填充和全部填充时所对应的表达式的值。

百分比填充构件可见度属性如图 3 – 38 所示。

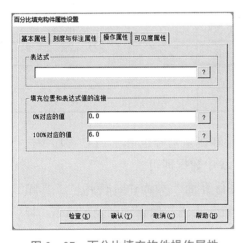

图 3 – 37　百分比填充构件操作属性

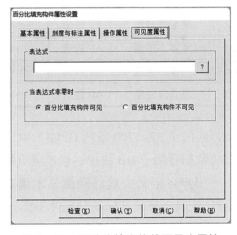

图 3 – 38　百分比填充构件可见度属性

- 表达式：连接的表达式，决定百分比构件是否可见。

- 当表达式非零时：表达式的值和构件可见度的对应关系。

在"运行界面"用户窗口中，选中"百分比填充"图形对象，双击或右击并选择"属性"，可根据需要修改基本属性、刻度与标注属性、操作属性和可见度属性等，其中基本属性、刻度与标注属性设置如下。

"基本属性"中修改填充颜色为浅蓝色或绿色，其他属性不变。

"刻度与标注属性"中，刻度：主划线数目为 1，次划线数目为 0；标注属性：小数位数为 0；标注显示为不显示。

（4）添加变量及百分比填充动画显示、管道颜色设置等。

1）确定管道颜色。可根据《工业管道的基本识别色、识别符号和安全标识》GB 7231—2003 确定流程图中的管道颜色，管道基本识别色见表 3-3。

表 3-3 管道基本识别色

物质种类	水	水蒸气	空气	气体	酸或碱	可燃液体	其他液体	氧
基本识别色	艳绿	大红	淡灰	中黄	紫	棕	黑	淡蓝

2）添加实时数据库变量及动画显示。添加必要的变量，实现与 PLC 等设备之间的数据交互。

● 添加用户自定义变量。在"实时数据库"页面添加触摸屏内部变量；在"设备窗口"中 Siemens_1200 驱动中增加相关"16 位 无符号二进制"通道。用户自定义变量清单见表 3-4。

表 3-4 用户自定义变量清单

序号	对象名称	对象类型	工程单位	数值范围	小数位数	连接 PLC 通道名称
1	混合罐液位	AI/ 数值	mm	0～2 000	0	IW64
2	灌装罐液位	AI/ 数值	mm	0～2 000	0	IW66
3	液体 A 流量	AI/ 数值	m³/h	0～5	2	IW112
4	液体 B 流量	AI/ 数值	m³/h	0～5	2	IW114
5	混合液流量	AI/ 数值	m³/h	0～5	2	IW116

以西门子 S7-1200 系列 CPU1214C 为例，液位和流量信号也可在 PLC 程序中进行转换并将数据存储于 DB 块中，触摸屏直接采集 DB 块中数据即可。

● 用户自定义变量的动画显示组态。在"运行界面"页面中，使用"工具箱"中"标签"工具，拖放"标签"元件于页面中合适位置，再进行数据动画显示组态。以"液体 A 流量"变量属性设置为例进行介绍，如图 3-39 所示。

在"属性设置"中，边线颜色为"没有边线"，并勾选"输入输出连接"中的"显示输出"。

在"显示输出"中，选择变量"液体 A 流量"，并设置单位为"m3/h"；输出值类型：数值量输出；输出格式：浮点输出，并选择"四舍五入"；小数位数为 2 位。

此外，在"扩展属性"中，文本内容输入"###.## m3/h"。说明此作为静态时组态显示使用，在动画时不显示。其他变量可根据表格自行组态。

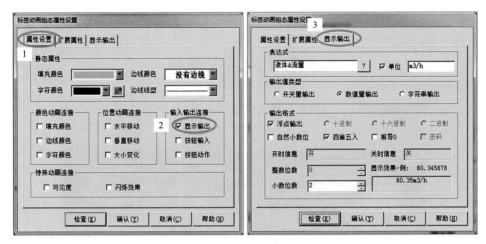

图 3－39 "液体 A 流量"变量属性设置

● 设置百分比填充动画显示属性。在"运行界面"窗口的"百分比填充"图元上，双击或右击并选择"属性"，可根据需要修改基本属性、刻度与标注属性、操作属性和可见度属性等，其中操作属性和可见度属性设置如下。

在"操作属性"中，连接变量混合罐液位；并根据数值范围 0～2 000，修改"填充位置和表达式值的选择"：0% 对应的值为 0、100% 对应的值为 2 000。完成设置后混合罐液体可直观地通过动画表明液位高低，配合标签的实时动态数据显示。

此外，"可见度属性"可不修改。

技能拓展

在实际工程组态过程中，除工艺流程等工程组态界面外，在不影响正常工程运行的情况下，用户往往要求订制个性化的工程启动界面，如含有企业 LOGO、企业简介等信息的封面窗口或启动界面。下面是触摸屏封面窗口和更新触摸屏启动界面的具体组态方法。

1. 触摸屏封面窗口

在主控窗口的基本属性中可对触摸屏进行封面窗口及封面显示时间等的设置。通过设置可在触摸屏工程运行时显示封面并可设置封面显示时间。

（1）在"用户窗口"新建窗口"封面"并完成相应的组态。封面窗口组态如图 3－40所示。

在封面窗口中可根据需要增加企业介绍、LOGO、联系方式、日期时间等信息。

（2）在"工作台"界面下，右击"主控窗口" 图标，选择"属性"。在"主控窗口属性设置"界面选择"封面窗口"为"封面"，并设置"封面显示时间"，如 15s，如图 3－41所示。

（3）封面窗口仿真运行，如图 3－42所示。

图 3 - 40　封面窗口组态

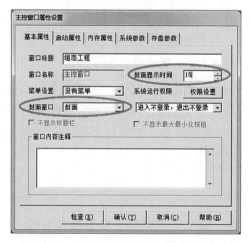

图 3 - 41　封面窗口属性设置

图 3 - 42　封面窗口仿真运行

当封面窗口在基本属性设置时设置了封面显示时间（单位：s），则运行时单击窗口任何位置或显示时间达到显示时间设置值时，封面窗口将自动消失；当封面时间设置为0时，封面窗口将一直显示，直到单击窗口任何位置时，封面窗口才消失。

2. 更新触摸屏启动界面

MCGSE7.7（01.01）版本提供了上位机操作更新触摸屏启动画面的方式。在上位机组态软件中单击"下载工程并进入运行环境"图标打开"下载配置"界面，如图3-43所示。

图3-43　"下载配置"界面

在"连机运行"状态下，单击"高级操作…"，进行如下步骤更新触摸屏启动界面。

（1）通过下载配置画面打开高级操作，可看到新增"更换启动画面"按钮。

（2）单击"更换启动画面"，在文件类型中提示需要哪种类型的位图文件。位图文件类型为 *.bmp 格式位图，大小为 800 像素 ×480 像素的 16 色或 24 色样图。如果文件类型不符，则弹出提示对话框。如果 TPC 中 CeSvr 文件不是 7.7（01.01）版本，则提示版本不对。

（3）选择匹配的文件后，开始进行更新。

（4）下载进度完成，更新成功。

项目四

触摸屏流程图组态

学习目标

1. 掌握触摸屏较复杂流程图的组态。
2. 掌握下拉菜单的绘制及组态。
3. 掌握利用工具箱组态流程图的方法。
4. 了解 MCGS 嵌入版内部函数的使用方法。
5. 了解相关国家标准，具备一定的工程素养。

重点难点

1. 工具箱对象元件库各库图元工具的使用。
2. 水平移动、垂直移动、大小变化等动画属性及流动块的属性设置及组态。
3. 模拟量工程量换算。

项目引入

根据图 4-1 所示触摸屏灌装流程图组态，综合应用各种工具箱工具，如反应器、传送带、其他等图形对象库及流动块等，结合脚本程序设计瓶子、机械手等图元的水平移动、垂直移动以及大小变化等，完成触摸屏流程图的绘制及动画组态。

分析：此图为触摸屏较复杂流程图，旨在通过流程图的组态掌握基本的流程图绘制方法、动画组态以及简单脚本程序的编写。

（1）图 4-1 中"瓶子"为非标准图形对象，在项目三中已经完成图形对象的绘制，本项目中可直接使用。

（2）图 4-1 中左侧第 1 只瓶子为"背景瓶子、水平移动瓶子、大小变化瓶子"3 个图元叠加构成，并完成动画效果。

（3）图 4-1 中管道、流体等颜色须根据相关国家标准进行颜色调整。

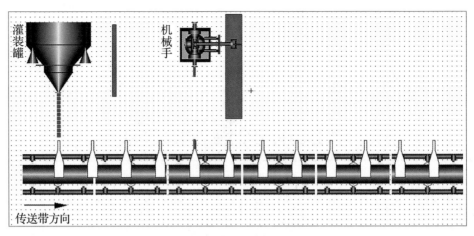

图 4-1 触摸屏灌装流程图组态

具体做法：

（1）使用 MCGS 嵌入版组态软件工具箱中对象元件库提供的反应器、传送带等基本图元及绘制好的非标准图形对象元件。

（2）根据触摸屏画面功能，完成瓶子等图元的水平移动、垂直移动以及大小变化等动画组态效果，并利用脚本程序完成周期性移动效果。

（3）组态流程图同项目三。首先，先完成静态流程图的绘制；其次，完成瓶子等动画组态、设置流动块的流动方向、颜色以及文字标注等；最后，完成动态流程图的组态。

通过本项目的学习，能够掌握 MCGS 嵌入版组态软件工具箱的使用方法以及较复杂流程图的组态设计。

任务一　下拉菜单设计

新建"流程图下拉菜单""混合界面""灌装界面"3 个用户窗口，并在"流程图下拉菜单"界面新建 3 个"标准按钮"，分别命名为"运行界面""混合界面"和"灌装界面"，并根据实际用途修改标准按钮构件属性设置。

1. 确定标准按钮大小、位置及翻页功能，完成下拉菜单窗口设计

在"图形对象的大小和位置"调整栏中调整"标准按钮"图元的尺寸及位置。属性分别设置如下：

"运行界面"按钮：左顶点坐标（0，0）、图形对象大小 110 像素 ×40 像素。

"混合界面"按钮：左顶点坐标（0，40）、图形对象大小 110 像素 ×40 像素。

"灌装界面"按钮：左顶点坐标（0，80）、图形对象大小 110 像素 ×40 像素。

分别在"操作属性"页面勾选相应的运行界面、混合界面、灌装界面用户窗口。

2. 确定下拉菜单位置，完成下拉菜单功能组态

复制公共窗口中的标准按钮"流程图"按钮，在"运行界面"用户窗口中，覆盖原

标准按钮"流程图"按钮，并完成如下操作。

（1）在"基本属性"中，修改标准按钮"流程图"按钮的背景色，使之与其他按钮有明显的颜色区别，如图4-2所示。

图4-2　按钮栏

（2）在"操作属性"中，不进行任何设置。

（3）在"抬起脚本"页面，单击"打开脚本程序编辑器"，输入以下脚本：

!OpenSubWnd（流程图下菜单,111,120,110,80,18）

下拉菜单仿真运行效果如图4-3所示。

脚本程序编辑器在用户窗口属性设置、标准按钮构件属性设置、运行策略等有着广泛的用途。脚本程序编辑器窗口如图4-4所示。

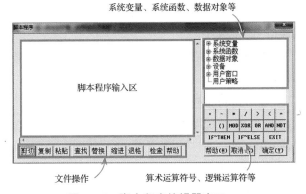

图4-3　下拉菜单仿真运行效果　　　　图4-4　脚本程序编辑器窗口

如图4-4右下方所示为MCGS嵌入版组态软件中脚本程序的运算符，运算符说明见表4-1。

表4-1　运算符说明

运算符	符号	说明	运算符	符号	说明
算术运算符	^	乘方	比较运算符	>	大于
	*	乘法		>=	大于等于
	/	除法		=	等于
	\	整除		<=	小于等于
	+	加法		<	小于
	-	减法		<>	不等于
	Mod	取模运算	逻辑运算符	AND	逻辑与
				NOT	逻辑非
				OR	逻辑或
				XOR	逻辑异或

在脚本程序编辑器右侧可直接调用系统变量、系统函数、数据对象等变量。下面以下拉菜单设计中使用的 !OpenSubWnd() 系统函数为例进行介绍。

显示子窗口 !OpenSubWnd() 函数格式为：!OpenSubWnd（参数 1, 参数 2, 参数 3, 参数 4, 参数 5, 参数 6），显示子窗口 !OpenSubWnd() 函数的各个参数，说明如下：

参数 1：要打开的子窗口名称。此例中子窗口，即用户窗口，名称为流程图下拉菜单。

参数 2：整型，打开子窗口相对于本窗口的 X 坐标。如在用户窗口"运行界面"中，单击标准按钮"运行按钮"，则本窗口为用户窗口"运行界面"，子窗口为用户窗口"流程图下拉菜单"，即"流程图下拉菜单"窗口相对于"运行界面"窗口的 X 坐标。

参数 3：整型，打开子窗口相对于本窗口的 Y 坐标，即"流程图下拉菜单"窗口相对于"运行界面"窗口的 Y 坐标。

参数 4：整型，打开子窗口的宽度，即"流程图下拉菜单"窗口在"运行界面"窗口显示的宽度大小。

参数 5：整型，打开子窗口的高度，即"流程图下拉菜单"窗口在"运行界面"窗口显示的高度大小。

参数 6：整型，打开子窗口的类型。此参数为整型数值，转换成二进制数后，其各位功能说明见表 4-1。

在"运行按钮"中调用"流程图下拉菜单"用户窗口，其脚本程序为：!OpenSubWnd（运行界面下拉菜单 ,111,120,110,120,18），其参数 6 的数值为 18，即转换成二进制为 2#0010010。

根据表 4-2 可知，子窗口"流程图下拉菜单"在下拉弹出显示时，其各位功能如下：

第 0 位为 0，不使用模式打开功能。

第 1 位为 1，使用菜单模式，在子窗口之外单击，则子窗口关闭。

第 2 位为 0，不显示水平滚动条。

第 3 位为 0，不显示垂直滚动条。

第 4 位为 1，显示边框，即下拉菜单显示边框。

第 5 位为 0，不自动跟踪显示子窗口，即显示子窗口的左顶点坐标不跟随鼠标左键坐标。

第 6 位为 0，不自动调整子窗口的宽度和高度为默认值。

表 4-2　显示子窗口 !OpenSubWnd() 函数参数 6 功能

二进制位数	功能说明	举例说明
第 0 位	是否使用模式打开	0，不使用模式打开功能； 1，使用模式打开功能，必须在此窗口中使用 "!CloseSubWnd（子窗口名）"来关闭本子窗口
第 1 位	是否使用菜单模式	0，不使用菜单模式； 1，使用菜单模式，在子窗口之外单击，则子窗口关闭

续表

二进制位数	功能说明	举例说明
第2位	是否显示水平滚动条	0，不显示水平滚动条； 1，显示水平滚动条
第3位	是否显示垂直滚动条	0，不显示垂直滚动条； 1，显示垂直滚动条
第4位	是否显示边框	0，不显示边框； 1，显示边框，在子窗口周围显示细黑线边框
第5位	是否自动跟踪显示子窗口	0，不自动跟踪显示子窗口； 1，自动跟踪显示子窗口，在当前单击位置上显示子窗口
第6位	是否自动调整子窗口的宽度和高度为默认值	0，不自动调整子窗口的宽度和高度为默认值； 1，自动调整子窗口的宽度和高度为默认值，忽略 iWidth 和 iHeight 的值

任务二　混合界面流程图绘制——对象元件库的使用

新建用户窗口"混合界面"，并在用户窗口属性设置"扩充属性"里调用用户窗口"公共窗口"。

1. 对象元件库及常用符号使用

在工具箱里选择"插入元件" 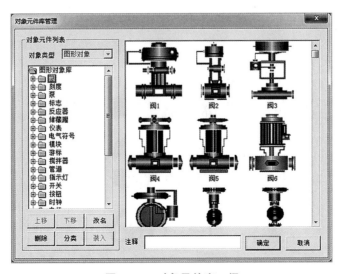工具，打开"对象元件库管理"，包含阀、刻度、泵、标志、反应器、储藏罐、仪表、电气符号、模块、游标、搅拌器、指示灯、开关、按钮、时钟、电杆、传送带、板卡、车、传感器、马达、计算机、其他共23个分类以及自建元件分类，如图4-5～图4-27所示。

图4-5　对象元件库：阀

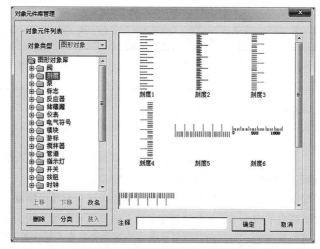

图 4 - 6　对象元件库：刻度

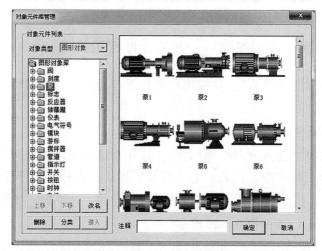

图 4 - 7　对象元件库：泵

图 4 - 8　对象元件库：标志

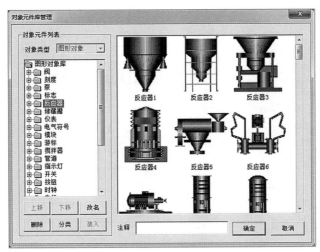

图 4-9　对象元件库：反应器

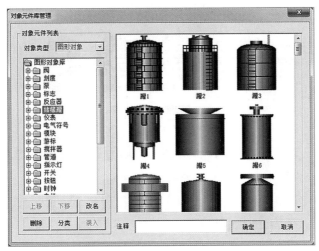

图 4-10　对象元件库：储藏罐

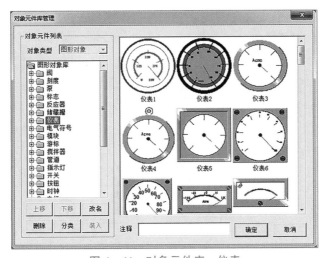

图 4-11　对象元件库：仪表

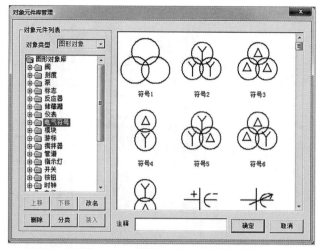

图 4 - 12　对象元件库：电气符号

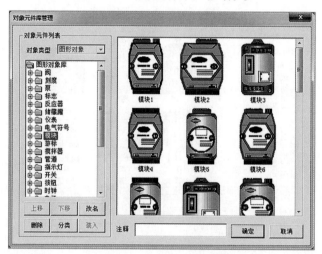

图 4 - 13　对象元件库：模块

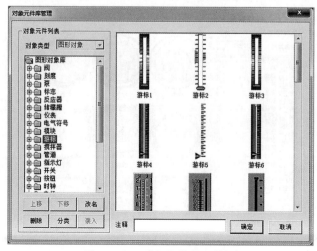

图 4 - 14　对象元件库：游标

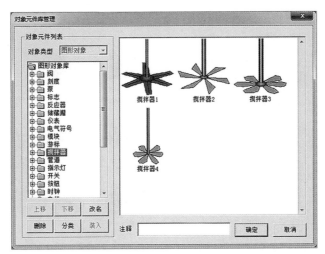

图 4 - 15　对象元件库：搅拌器

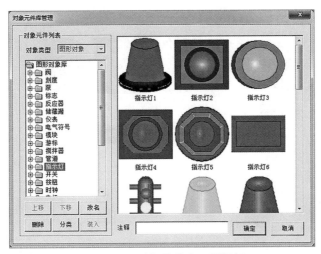

图 4 - 16　对象元件库：指示灯

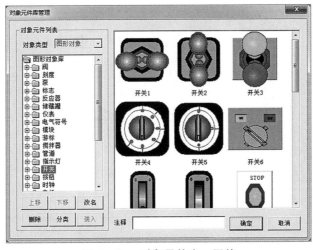

图 4 - 17　对象元件库：开关

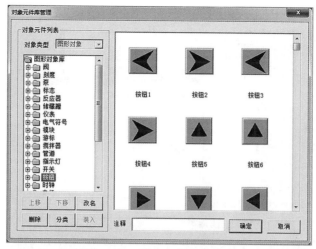

图 4 - 18　对象元件库：按钮

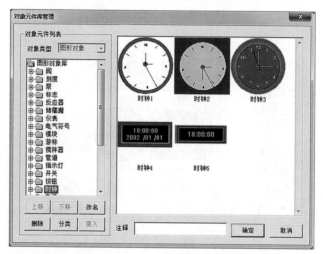

图 4 - 19　对象元件库：时钟

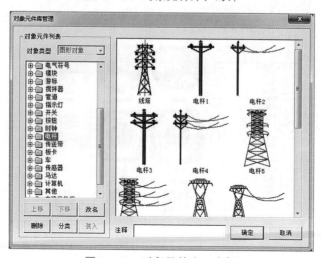

图 4 - 20　对象元件库：电杆

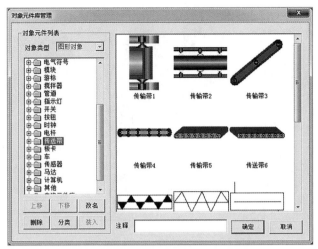

图 4 - 21 对象元件库：传送带

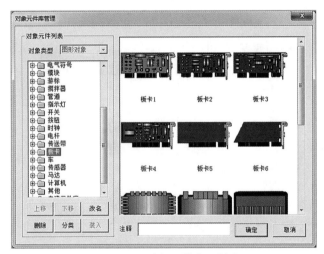

图 4 - 22 对象元件库：板卡

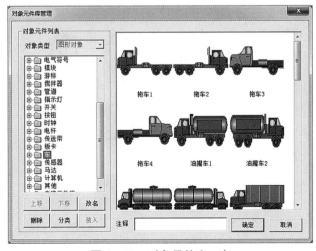

图 4 - 23 对象元件库：车

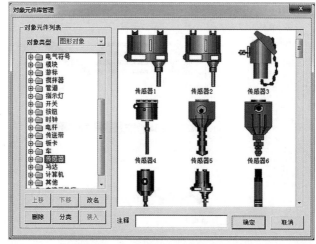

图 4 - 24　对象元件库：传感器

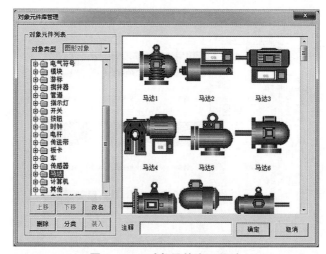

图 4 - 25　对象元件库：马达

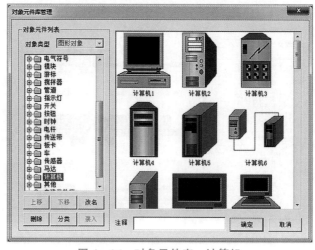

图 4 - 26　对象元件库：计算机

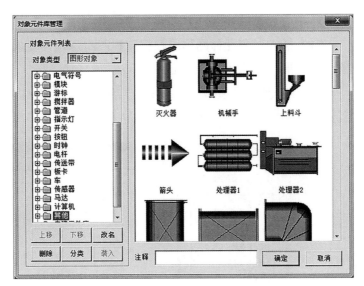

图 4 - 27　对象元件库：其他

常用符号：在工具箱里选择"常用符号" 工具，打开"常用符号"工具箱，包含平行四边形、梯形、菱形、八边形、注释框、十字形、立方体、楔形、六边形、等腰三角形、直角三角形、五角星、星形、弯曲管道、罐形、粗箭头、细箭头、三角箭头、凹槽平面、凹平面、凸平面、横管道、竖管道、管道接头、三维锥体、三维圆球及三维圆环等常用符号，见表 4 - 3。

表 4 - 3　常用图符

		平行四边形		梯形		菱形
		八边形		注释框		十字形
		立方体		楔形		六边形
		等腰三角形		直角三角形		五角星
		星形		弯曲管道		罐形
		粗箭头		细箭头		三角箭头
		凹槽平面		凹平面		凸平面
		横管道		竖管道		管道接头
		三维锥体		三维圆球		三维圆环

基础技能
项目 4-1
流程图组态 -
混合界面（静
态流程图）

2. 混合界面流程图绘制

（1）插入对象元件图形。根据流程图组态设计要求，选择合适的对象元件图形，并拖放至合适位置。

1）在工具箱里选择"插入元件"⬚工具，打开"对象元件库管理"对话框，如图 4-28 所示。

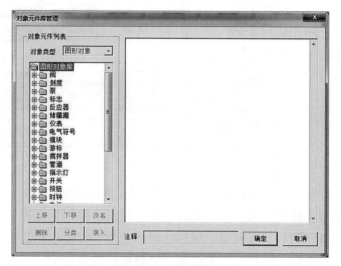

图 4-28 对象元件库管理

2）选择对象元件并放入用户窗口界面。在对象元件库中选择合适的分类，如"储藏罐"分类，在"储藏罐"分类右侧预览中选择相应对象元件图形，如"罐42"，单击"确定"将选定的对象元件图形"罐42"插入用户窗口界面，如图 4-29 所示。

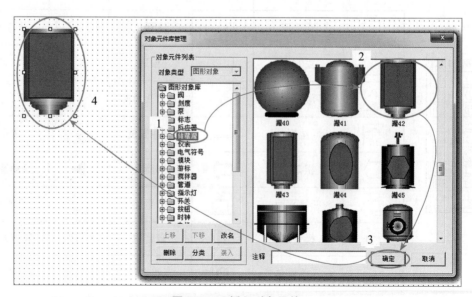

图 4-29 插入对象元件

（2）选择静态流程图所需的对象元件图形。在"混合界面"窗口中，使用插入对象元件图形相同的方法，依次选择"阀"分类"阀70"、"搅拌器"分类"搅拌器3"、"传感器"分类"传感器47"以及"刻度"分类"刻度3"等对象元件图形，并放置在界面中，如图4-30所示。

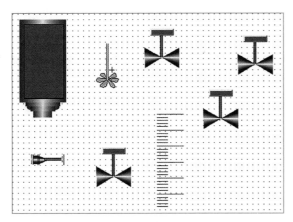

基础技能项目
4-2　流程图组
态－混合界面
（动态流程图）

图4-30　对象元件图形

（3）放置管道并设置流动方向、标注文字。在"混合界面"窗口中，使用带箭头的线段来表示流动方向并标注文字注释。流程图效果如图4-31所示。

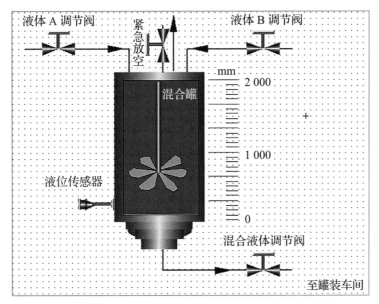

图4-31　流程图效果

（4）设置管道颜色、添加变量及动画显示等。

1）设置管道颜色。根据《工业管道的基本识别色、识别符号和安全标识》GB 7231—2003确定流程图中的管道颜色。

2）添加实时数据库变量及动画显示。添加必要的变量，实现与 PLC 等设备之间的数据交互。

● 添加变量。在"实时数据库"页面添加触摸屏内部变量；在"设备窗口"的 Siemens_1200 驱动中增加相关"16 位 无符号二进制"通道。

变量清单见表 4 - 4。

表 4 - 4　变量清单

序号	对象名称	对象类型	范围 / 工程单位	小数位数	连接 PLC 通道名称
1	液体 A 调节阀	AO/ 数值	0 ～ 100%	0	QW64
2	液体 B 调节阀	AO/ 数值	0 ～ 100%	0	QW112
3	混合液调节阀	AO/ 数值	0 ～ 100%	0	QW114

● 动画显示组态。在"混合界面"用户窗口中，使用"工具箱"中"标签"工具，拖放"标签"元件于页面中合适位置，再进行数据动画显示组态。这里以"液体 A 调节阀"变量属性设置为例进行介绍，如图 4 - 32 所示。

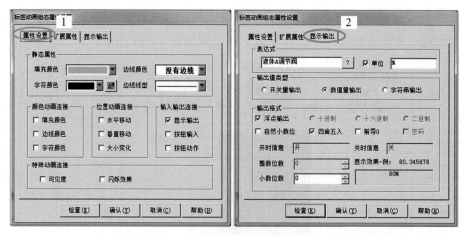

图 4 - 32　标签动画组态设置

在"属性设置"中，边线颜色为"没有边线"，并勾选"输入输出连接"中的"显示输出"。

在"显示输出"中，选择变量"液体 A 调节阀"，并设置单位为"%"；输出值类型：数值量输出；输出格式：浮点输出，并选择"四舍五入"；小数位数为 0 位。

此外，在"扩展属性"中，文本内容输入" ### %"，说明此作为静态时组态显示使用，在动画时不显示。其他变量可根据表格自行组态。

3）设置混合罐液位填充动画显示属性。在"混合界面"用户窗口"储藏罐"分类中"罐 42"的图元上，双击或右击并选择"属性"，可根据需要修改数据对象、动画连接等属性。

在"数据对象"或"动画连接"中，连接变量"混合罐液位"即可。

3. 混合界面操作面板组态

（1）插入凹平面。在工具箱里选择"常用符号"  工具，打开"常用符号"工具箱，插入凹平面。根据混合界面流程图组态设计要求，拖放至合适位置。在"图形对象的大小和位置" `600　140　360　420` 输入左顶点坐标、尺寸确定位置及大小。

（2）插入凹槽平面、标签、标准按钮及输入框等工具。在"混合界面"用户窗口中，选择工具箱"标签" Ⓐ、"标准按钮" 按钮 、"输入框" abl 等工具对象及常用符号"凹槽平面" ☐ 符号图元对象。操作面板静态组态效果如图4-33所示。

（3）添加变量及连接变量、数据显示等。

添加实时数据库变量及动画显示。在之前的基础上添加必要的变量，实现与PLC等设备之间的数据交互。

图4-33　操作面板静态组态效果

1）添加变量。在"实时数据库"页面添加触摸屏内部变量；在"设备窗口"的Siemens_1200驱动中增加相关"16位 无符号二进制"通道。变量清单见表4-5。

表4-5　变量清单

序号	对象名称	对象类型	范围/工程单位	小数位数	连接PLC通道名称
1	加热丝功率反馈	AI/数值	0～15kW	0	IW118
2	搅拌器速度反馈	AI/数值	0～50Hz	0	IW120
3	加热丝功率手动OUT	AO/数值	0～15kW	0	MW100
4	搅拌器速度手动OUT	AO/数值	0～50Hz	0	MW102
5	搅拌时间设置	数值	0～50min	0	MW104
6	加热丝手动	开关			M200.0
7	搅拌器手动	开关			M200.1

2）标准按钮组态。在"操作面板"中，使用"工具箱"中"标准按钮"工具 按钮 ，完成标准按钮操作组态，如图4-34所示。

在加热丝手动按钮"基本属性"中，在文本框中输入"手动"，表明其为加热丝手动按钮；在"操作属性"中，在"抬起功能"界面勾选"数据对象值操作"，连接变量"加热丝手动"并设置为"置1"，如图4-34（a）所示。

在加热丝自动按钮"基本属性"中，在文本框中输入"自动"，表明其为加热丝自动按钮；在"操作属性"中，在"抬起功能"界面勾选"数据对象值操作"，连接变量"加热丝手动"并设置为"清0"操作,见图4－34(b)。

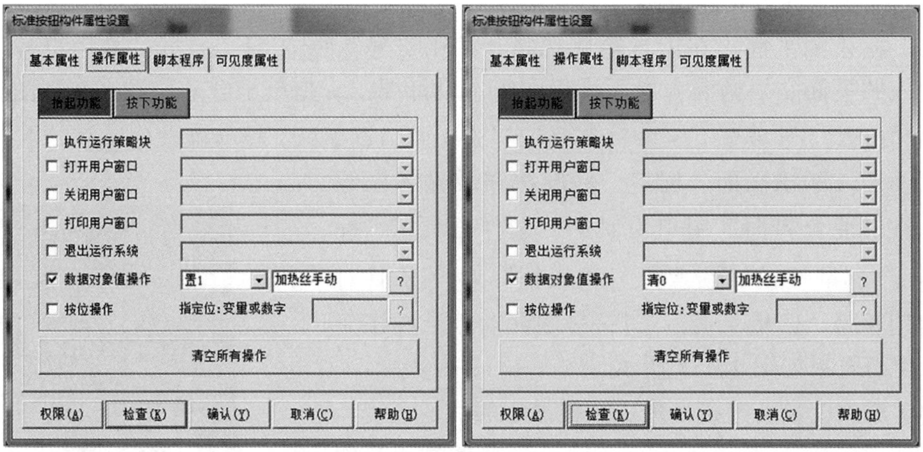

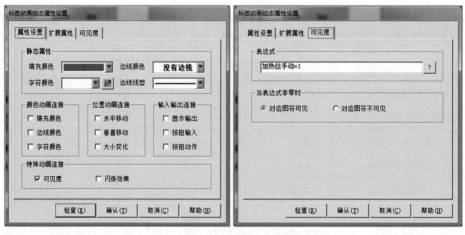

(a) (b)

图4－34 标准按钮构件属性设置

搅拌器手动按钮、自动按钮组态方法同加热丝手动按钮组态。

3)标签可见度组态,如图4－35所示。在"操作面板"中,使用"工具箱"中"标签"工具 A,完成标签可见度显示组态。在组态时,将加热丝自动标签可见度组态覆盖加热丝自动按钮、加热丝手动标签可见度组态覆盖加热丝手动按钮。

图4－35 标签可见度组态

在加热丝手动标签"属性设置"中,修改"静态属性"中的填充颜色、边线颜色、字符颜色及字体字号等,并勾选特殊动画连接中的"可见度";在"扩展属性"中,在文本内容输入中"手动",表明其为加热丝手动显示标签;在"可见度"中,输入表达式"加热丝手动=1",选择当表达式非零时对应图符可见。加热丝自动标签在"可见度"中,输入表达式"加热丝手动=0",其他设置方法与加热丝手动标签组态方法相同。利用相同组态方法自行完成搅拌器手动标签、搅拌器自动标签的可见度组态。

说明：表达式"加热丝手动 =1""加热丝手动 =0"为一个整体表达式，而不是表达式"加热丝手动"的值为 1 或 0 时满足条件。如：当表达式"加热丝手动"值为 1 时，则表达式"加热丝手动 =1"的返回值为 1，否则为 0；而当表达式"加热丝手动"值为 0 时，则表达式"加热丝手动 =0"的返回值为 1。

4）数据显示动画组态，如图 4-36 所示。在"操作面板"中，使用"工具箱"中"标签"工具 A，拖放"标签"元件于页面中合适位置，再进行数据动画显示组态。

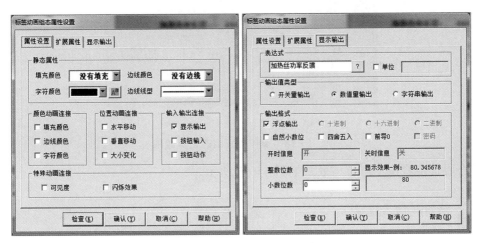

图 4-36 数据显示动画组态

"搅拌器速度反馈"动态数据显示组态方法同上。

5）数据输入动画组态，如图 4-37 所示。在"操作面板"中，使用"工具箱"中"输入框"工具 abl，拖放"输入框"元件于页面中合适位置，再进行数据输入组态。

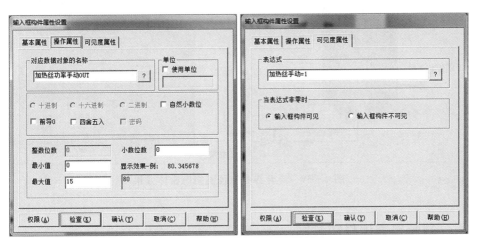

图 4-37 数据输入动画组态

在"操作属性"中，选择对应数据对象为"加热丝功率手动 OUT"变量，并根据变量数据范围确定"最小值""最大值"及"小数位数";在"可见度属性"中,输入表达式"加热丝手动 =1"及当表达式非零时输入框构件可见。

操作面板组态仿真效果如图 4-38 所示。图 4-38(a)所示为手动时的仿真效果,图 4-38(b)所示为自动时的仿真效果。

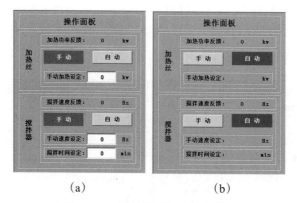

(a)   (b)

图 4-38　操作面板组态仿真效果

混合界面流程图组态整体效果如图 4-39 所示。

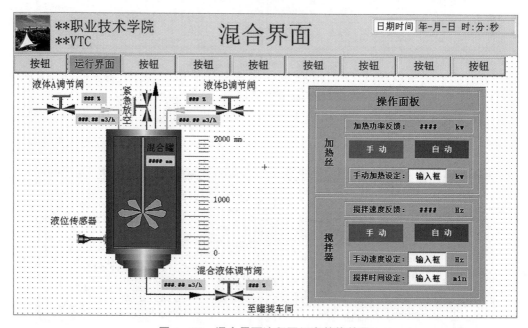

图 4-39　混合界面流程图组态整体效果

任务三　灌装界面流程图绘制

新建用户窗口"灌装界面",并在用户窗口属性设置"扩充属性"里调用用户窗口

"公共窗口"。

1. 对象图元的水平移动动画组态

可进行位置动画组态的对象图元有工具箱中的直线、弧线、直角矩形、圆角矩形、椭圆、多边形或拆线、标签等及常用符号中的图形对象。垂直移动动画组态方法与水平移动动画组态方法一致,以下以项目三任务一中绘制的非标准元件"瓶子"的水平移动动画组态为例进行介绍。

基础技能
项目 4-3　流程图组态 - 灌装界面

首先,插入对象元件图元。在工具箱里选择"插入元件"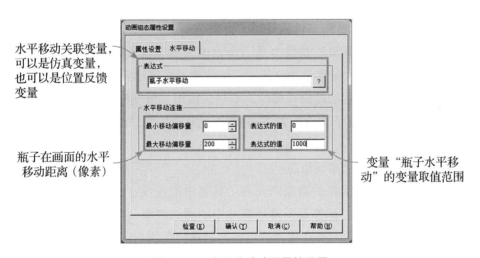工具,打开"对象元件库管理"对话框中选择自制图形元件"瓶子"。

然后设置位置动画属性,实现水平移动功能。双击或右击并选择"属性",在"属性设置"中勾选位置动画连接中的"水平移动",在"水平移动"中选择合适的表达式并进行水平移动连接。

（1）新建水平移动变量并进行水平移动连接。如新建"瓶子水平移动"变量,并设置瓶子最小移动偏移量、最大移动偏移量等像素值及表达式"瓶子水平移动"的输入值范围,如图 4-40 所示。

图 4-40　水平移动动画属性设置

说明:

● 水平移动连接:画面中瓶子的位置为初始位置,其移动偏移量为 0 像素。当表达式"瓶子水平移动"的值为 0 时,对应瓶子的水平移动距离为 0 像素;当表达式"瓶子水平移动"的值为 1 000 时,对应瓶子的水平移动距离为 200 像素,且呈线性关系。

● 水平移动方向:向右移动为正方向,对应移动偏移量为正值;向左移动为负方向,对应移动偏移量为负值。

（2）绘制水平移动界面并进行水平移动仿真。利用"滑动输入器"进行"瓶子水平移动"变量的数据输入，如图 4 - 41 所示。

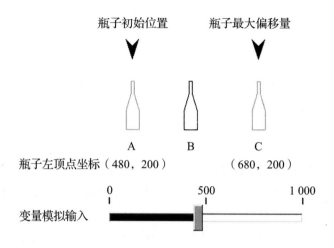

图 4 - 41　水平移动动画仿真效果

说明：

● 位置 A 和位置 C 水平距离为 200 像素。

● 仿真画面中位置 A 坐标（480，200）为瓶子静态时的初始位置，即最小偏移量 0 所对应的位置对应表达式值 0；位置 B 为"滑动输入器"输入数据后的中间位置；位置 C 坐标（680，200）为最大偏移量 200 所对应的位置对应表达式值 1 000。

● 在实际工程中水平移动动画连接时，不建议使用"滑动输入器"进行变量值输入，直接关联 PLC 控制器的瓶子位置反馈变量即可。此任务中"滑动输入器"仅用于模拟"瓶子水平移动"变量值输入。

2. 对象图元的大小变化动画组态

可进行大小变化动画组态的对象图元有工具箱中的直线、弧线、直角矩形、圆角矩形、椭圆、多边形或拆线、标签等及常用符号中的图形对象。这里以项目三任务一中绘制的非标准元件"瓶子"的大小变化动画组态为例进行介绍。

首先，插入对象元件图形。在工具箱里选择"插入元件" ⌗ 工具，打开"对象元件库管理"对话框中选择自制图形元件"瓶子"。

然后，设置动画属性，实现大小变化功能。双击或右击并选择"属性"，在"属性设置"中勾选位置动画连接中的"大小变化"，并在"大小变化"中选择合适的表达式并进行大小变化连接。

（1）新建大小变化变量并进行连接。如新建"瓶子大小变化"变量，并设置瓶子最小变化百分比、最大变化百分比等像素值及表达式"瓶子大小变化"的输入值范围及变化方向，如图 4 - 42 所示。

图 4-42　大小变化动画属性设置

说明：

● 大小变化连接：画面中瓶子的大小为初始大小 100%。当表达式"瓶子大小变化"的值为 0 时，对应瓶子的大小为 0%；当表达式"瓶子大小变化"的值为 100 时，对应瓶子的大小为 100%，且呈线性关系，最大变化百分比可以大于 100%。

● 变化方向：有向上、向下、向左、向右、向左右两侧、向上下两侧及向四周等变化方向，此处选择变化方向为向上。

● 变化方式：有缩放、剪切两种变化方式，此处选择变化方式为缩放。

（2）绘制大小变化界面并进行仿真。利用"滑动输入器"进行"瓶子大小变化"变量的数据输入，如图 4-43 所示。

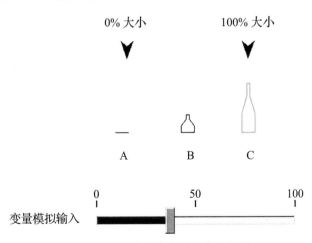

图 4-43　大小变化动画仿真效果

说明：

● 位置 A 和位置 C 分别为 0%、100% 大小。

● 仿真画面中位置 A 为瓶子静态时初始大小的 0%，即最小变化百分比 0% 所对应的大小对应表达式值 0；位置 B 为"滑动输入器"输入数据后的大小；位置 C 为最大变化百分比 100% 所对应的大小对应表达式值 100。

3. 流动块使用

在用户窗口中，可使用工具箱"流动块" 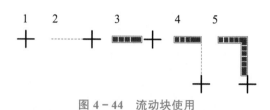 工具设置管道内流体的流动方向，如图 4-44 所示。

图 4-44 流动块使用

（1）单击工具箱"流动块" 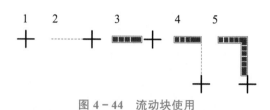 工具，在用户窗口中出现"⊞"图标；单击鼠标左键并按住拖动，可拉出一条虚线；单击确定流动块转弯拐点；双击完成流动块绘制。

（2）单击选中流动块，流动块图元上有 3 个白色方块，可手动调整流动块的宽度、长度和形状，如图 4-45 所示。

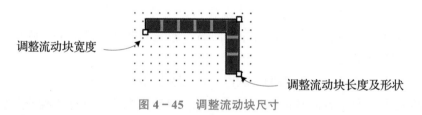

调整流动块宽度

调整流动块长度及形状

图 4-45 调整流动块尺寸

（3）在"流动块"图元上，双击或右击并选择"属性"，如图 4-46 所示。在流动块构件属性设置"基本属性"中，可修改流动外观、流动方向及流动速度等属性；在"流动属性"中，可选择相应的变量控制流动动画；在"可见度属性"中，可选择相应的变量决定流动块是否可见。

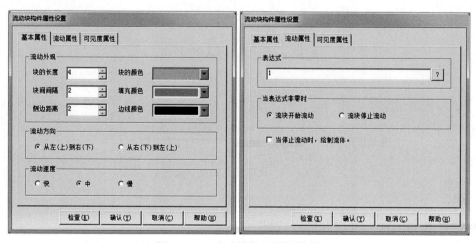

图 4-46 流动块构件属性设置

1）基本属性：

● 流动外观：包括块的长度、块间间隔、侧边距离、块的颜色、填充颜色、边线颜色。

● 流动方向：设置流动块构件模拟液体流动时的流动方向，有从左（上）到右（下）或者从右（下）到左（上）两种流动方向。

● 流动速度：分为快、中、慢三档。

2）流动属性：

● 表达式：连接的表达式决定流动开始和停止的条件，可利用右侧的问号按钮在变量选择对话框中选取相应的变量。

● 当表达式非零时：确定表达式的值和构件流动的关系。

● 当停止流动时，绘制流体：勾选此项，流动块停止流动时绘制流体，否则不绘制流体。

3）可见度属性：

● 表达式：连接的表达式，决定流动块构件是否可见。

● 当表达式非零时：表达式的值和构件可见度的对应关系。

图 4-46 中"流动属性"表达式为 1，即此流动块流动条件一直满足。可根据实际情况确定"流动属性"流动动画是否可控可调。同理，可完成"可见度属性"相关属性设置。

4.瓶子位置动画组态

可进行位置动画组态的对象图元有工具箱中的直线、弧线、直角矩形、圆角矩形、椭圆、多边形或拆线、标签等及常用符号中的图形对象。这里以项目三任务一中绘制的非标准元件"瓶子"的位置动画组态为例进行介绍。

（1）利用"多重复制" ▦ 工具实现多个瓶子的水平组态及分布，如图 4-47 所示。

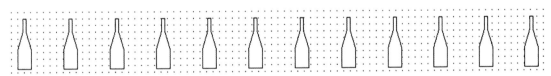

图 4-47　多重复制

1）确定第 1 只瓶子的起始位置。利用右下角的"图形对象的大小和位置"属性 ┌┑ 194 132 ┈ 394 85 修改第 1 只瓶子的左顶点坐标为（100，400），大小自定。

2）确定第 1 只瓶子的水平移动连接设置。在"水平移动"中连接表达式：瓶子水平移动。水平移动连接设置如下：

最小移动偏移量 0，对应表达式的值为 0；最大移动偏移量 50，对应表达式的值为1 000。

3）利用"多重复制" ▦ 工具实现多个瓶子的水平组态及分布。在多重复制构件中设置如下：

行列数量：水平方向个数 12 个，垂直方向个数 1 个。

相邻间隔：水平间距 50 像素，垂直间距像素任意。

整体偏移：不做修改。

（2）选择静态流程图所需的对象元件图形。在"灌装界面"窗口中，使用插入对象元件图形相同方法，依次选择"罐"分类"罐 49"、"其他"分类"机械手"、"传送带"分类"传送带 2"及流动块、直角矩形等对象元件图形，调整图形大小并放置在界面中，设置传送带置于最后面。

（3）标注文字及灌装方向。在"灌装界面"窗口中，使用带箭头的线段来表示瓶子或传送带的运动方向并标注文字注释。灌装界面组态效果如图 4-48 所示。

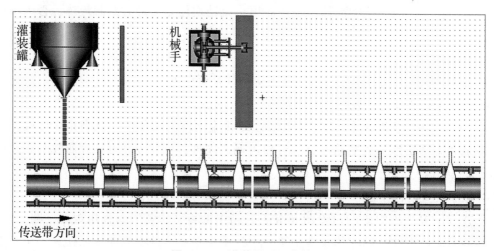

图 4-48　灌装界面组态效果

（4）设置动画组态。

1）灌装罐液位数值显示及图形大小显示。新建"直角矩形"图元，并使用"对象图元的大小变化动画组态"方法进行液位图形显示的组态。设置"直角矩形"图元填充颜色为"绿色"、边线颜色为"没有边线"，并且设置灌装罐液位图形显示动画组态属性及仿真效果如图 4-49 所示。

图 4-49 中，858mm 为灌装罐液位的数值显示；灌装罐右侧的柱状图为灌装罐的液位图形大小变化显示，其中左侧柱状图为灌装罐的液位变化外框、右侧柱状图为灌装罐的液位高低变化柱，须对两个图形进行"中心对齐"操作。

2）瓶塞水平移动动画显示。根据前面对象图元的水平移动动画组态方法完成瓶塞水平移动动画显示。瓶塞的水平移动与瓶子水平移动同步，设置方法同瓶子水平移动一致。瓶塞水平移动关联变量为"瓶子水平移动"；再用"多重复制" 工具实现多个瓶子的水平组态及分布，具体水平间距像素值请根据实际间距进行设置。瓶塞静态组态效果如图 4-50 所示。

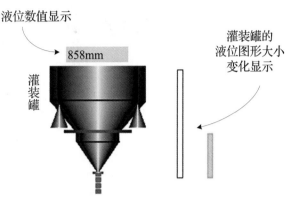

图 4 - 49　液位图形显示动画组态属性设置

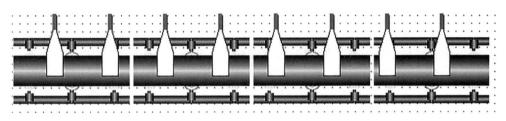

图 4 - 50　瓶塞静态组态效果

瓶塞的水平移动动画仿真用脚本设置：在用户窗口属性设置"循环脚本"中仿真用脚本，循环时间（ms）设置为 200ms；或在运行策略"循环策略"中设置仿真用脚本。参考脚本如下：

```
IF 开关 = 1 AND 瓶子水平移动 < 100 THEN
    瓶子水平移动 = 瓶子水平移动 + 10
ELSE
    瓶子水平移动 = 0
ENDIF
```

3）瓶塞垂直移动动画显示。根据前面对象图元的水平移动动画组态方法完成瓶塞垂直移动动画显示。垂直运动过程中瓶塞与机械手垂直移动同步，设置方法同瓶子水平移动方法类似。瓶塞垂直移动关联变量为"瓶塞垂直移动"，具体垂直移动距离可根据实际移动距离手动进行设置。瓶塞垂直移动动画属性设置如图 4 - 51 所示。

选中瓶塞并在界面右下角的"图形对象的大小和位置" 中查看瓶塞 1 和瓶塞 2 的左顶点坐标，如：瓶塞 1：（392，252），瓶塞 2：（392，398）。通过查看瓶塞 1 和瓶塞 2 之间的垂直像素间距为 146 像素（398 像素减去 252 像素），并填入上图中"最大移动偏移量"中。

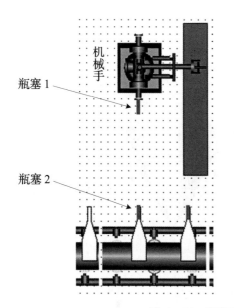

图 4 - 51　瓶塞垂直移动动画属性设置

机械手垂直移动设置方法、数值与瓶塞相同。

4）第 1 只瓶子大小变化显示。界面中的第 1 只瓶子实际由 3 只瓶子叠加组成。插入 2 个新的自制对象元件图元：瓶子，且大小与之前瓶子一致，选中其中 1 只瓶子图元并根据前面对象图元的大小变化动画组态方法完成第 1 只瓶子的大小变化动画显示，如图 4 - 52 所示。

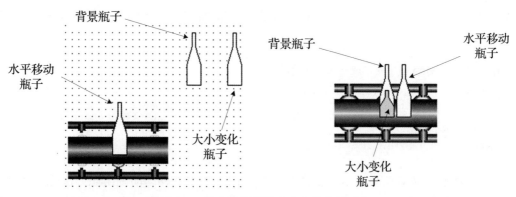

图 4 - 52　第 1 只瓶子的大小变化动画显示

用大小变化来模拟灌装过程中瓶内液位变化，背景瓶子处于 3 只瓶子的最后面。注意：不是界面中所有图元的最后面，大小变化瓶子置于 3 只瓶子的中间，水平移动瓶子置于 3 只瓶子的最前面。

瓶子大小变化动画仿真用脚本设置：在用户窗口属性设置"循环脚本"中仿真用脚本，循环时间（ms）设置为 200ms；或在运行策略"循环策略"中设置仿真用脚本。参考脚本如下：

```
IF 开关 = 1 AND 瓶子大小变化 < 100 THEN
    瓶子大小变化 = 瓶子大小变化 + 10
ELSE
    瓶子大小变化 = 0
ENDIF
```

5）灌装流动块动画显示。根据前面流动块使用方法完成灌装流动块动画显示。根据实际情况设置"基本属性"，并将"流动属性"表达式设置为 1。另外，"可见度属性"表达式可关联设备运行信号或标志位。

🔧 技能拓展

模拟量与工程量换算

工业现场控制中往往需要对各种信号参数进行采集，如温度、压力、流量、液位等。PLC 等设备利用自带模拟量输入模块的输入通道进行实时采集，并提供一个转换后的数值量，如西门子 S7-1200 系列 CPU1214C，其模拟量输入满量程范围 0 ~ 10V，满量程数据字范围 0 ~ 27 648；三菱 FX5U 系列 PLC，其模拟量输入满量程范围 0 ~ 10V，满量程数字输出值 0 ~ 4 000。而在触摸屏中对温度、压力、流量、液位等参数进行显示，采集到的传感器信号可读性差，须对其进行工程量换算。假设传感器检测信号在量程范围内为线性，则其模拟量与工程量之间的线性关系如图 4 - 53 所示。

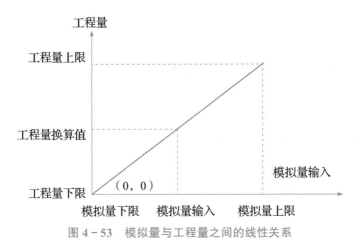

图 4 - 53　模拟量与工程量之间的线性关系

模拟量与工程量换算公式可表示为：

$$\left(\frac{工程量换算值 - 工程量下限}{工程量上限 - 工程量下限}\right) = \left(\frac{模拟量输入 - 模拟量下限}{模拟量上限 - 模拟量下限}\right)$$

例：有一测温范围 0 ~ 200℃的温度传感器，其变送器输出信号为 0 ~ 10V，利用西门子 S7-1200 系列 CPU1214C 采集模拟量信号，则其对应的数据字范围 0 ~ 27 648。当 PLC 中的数据字为 13 824 时，其对应的温度值为 100℃。计算过程如下：

$$工程量换算值 = \left(\frac{模拟量输入 - 模拟量下限}{模拟量上限 - 模拟量下限}\right) \times (工程量上限 - 工程量下限) + 工程量下限$$

$$= \left(\frac{13\,824 - 0}{27\,648 - 0}\right) \times (200 - 0) + 0 = 100$$

假设西门子 CPU1214C 利用其液位变送器检测液位，液位变送器输出信号为 0～10V、量程为 0～2m，则可用 MCGS 触摸屏中脚本程序、数据通道或直接使用 PLC 换算值等常用的工程量换算方法进行换算。这里以"灌装界面"中灌装罐液位工程量换算为例进行介绍。

（1）方法一：在触摸屏脚本中进行工程量换算。新建"灌装罐液位变送器"变量，变量清单见表 4-6。

表 4-6　灌装罐变量清单

序号	对象名称	对象类型	范围 / 工程单位	小数位数	备注
1	灌装罐液位变送器	AI/ 数值	0～32 767	0	变送器输入值
2	灌装罐液位	数值	0～2 000mm	0	已有，换算值

则可在"灌装界面"的用户窗口属性设置中或"运行策略"的循环策略中输入脚本程序如下：

灌装罐液位 = 灌装罐液位变送器 /27648 *2000

式中，液位单位 mm；数值 27 648 为西门子 S7-1200 系列 CPU1214C 采集模拟量输入满量程数据字最大值。

（2）方法二：在触摸屏数据通道中进行工程量换算。在"设备窗口"中增加 word 型设备通道 IW64，并连接变量"灌装罐液位"进行工程量换算，见表 4-7。

表 4-7　灌装罐液位工程转换

序号	连接变量	通道名称	通道处理	备注
1	灌装罐液位	IW64	⑤工程转换	word 型

具体如下：

1）新增 PLC 信号通道 IW64。通道类型：I 输入继电器；数据类型：16 位有符号二进制数；通道地址：64；通道个数：1；读写方式：读写。

2）连接变量。双击通道"读写 IWB064"，连接变量"灌装罐液位"。

3）通道处理设置。选中通道并单击"通道处理设置"，在"通道处理设置"中单击"⑤工程转换：(Imin, Imax)-(Vmin, Vmax)"，弹出"工程量转换"输入框，并根据液位变送器参数输入相应的数值，如图 4-54 所示。

图 4 - 54　工程量转换

完成后，"通道处理设置"界面如图 4 - 55 所示。

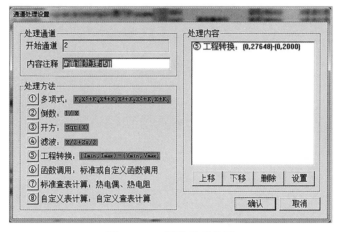

图 4 - 55　通道处理设置

项目五

触摸屏报警组态

1. 掌握使用触摸屏"报警条"实现报警滚动的组态方法。

2. 掌握使用触摸屏"报警显示"实现报警信息显示的组态方法。

3. 掌握使用触摸屏"报警浏览"实现实时报警和历史报警的组态方法。

4. 掌握实时数据库变量报警属性的设置方法及报警数据的存盘。

5. 掌握实时数据库组对象变量的成员选择及定时存盘设置。

6. 了解运行策略中的报警策略及弹出式报警的组态方法。

🗄 | 重点难点

1. 运行策略工具的使用以及利用 !OpenSubWnd() 函数组态弹出式报警。

2. 使用 InputSTime 和 InputETime 系统内建数据对象,组态历史报警数据的"自定义"选择时间段的组态方法。

3. 画面的实时刷新及手动刷新组态设置。

⭐ | 项目引入

报警是工业上最常用的功能,几乎每一个现场作业都需要有报警来提示错误故障信息。

当生产流水线或机械设备出现故障或事故时,往往会造成运转异常,甚至非正常停车,如果未设置报警机制,需要花费大量的人力、物力去排查故障点,确定故障属于机械故障还是电气故障等,明确故障位置,分析故障原因才能进行下一步处理工序。然而绝大多数情况下,故障或事故在发生前均有一些征兆,例如某些变量的异常跳变或溢出安全阈值,如果能将这些征兆及时检测出来并作为报警信号通报给现场操作人员,则可以提前采取必要的应急处置措施进而减少停机或故障检修时间,这对生产效率和产品质量的提高都具有重要意义。

现阶段生产线设备自动化与智能化的程度越来越高，越来越复杂，对于自动化设备报警机制的要求也越来越高。比如一套设备可能会有速度控制系统、温度控制系统以及张力控制系统等多个功能模块，运行中需要监控的过程量很多，当某些关键过程量的值溢出了安全阈值，除了需要显示警示信息，还需有更容易理解识别的报告异常或故障点的文字说明，这些报警信息需要被显示在人机操作界面即触摸屏上，便于操作人员查找并及时处理问题。

本项目综合应用工具箱报警工具，如报警滚动条、报警显示以及报警浏览等，并完成触摸屏流程图的报警动画组态。

基础技能
项目 5 HMI
报警组态

1. 报警滚动条组态

分析：利用工具箱中的"报警条"工具，实现单个报警变量的报警信息的滚动报警。

具体做法：首先，在实时数据库中对相应的报警变量设置报警属性和报警数值的存盘属性设置；其次，在用户窗口的相应位置组态报警条，设置显示报警对象、颜色、滚动设置等。

2. 报警显示组态

分析：利用工具箱中的"报警显示"工具，实现多个报警变量的报警信息的显示。

具体做法：首先，在实时数据库中新建报警变量和组对象变量，并设置报警变量、报警属性和报警数值的存盘属性，设置组对象变量组对象成员的增加和定时存盘属性；其次，在用户窗口的相应位置组态报警显示，设置对应的数据对象（组对象）的名称、报警显示颜色等。

3. 报警浏览组态

分析：利用工具箱中的"报警浏览"工具，实现多个报警变量的报警信息的实时报警显示和历史报警显示。

具体做法：首先，在实时数据库中新建报警变量和组对象变量，并设置报警变量、报警属性和报警数值的存盘属性，设置组对象变量组对象成员的增加和定时存盘属性；其次，在用户窗口的相应位置组态报警浏览，如实时报警和历史报警，设置显示模式、显示格式以及字体和颜色等。

4. 弹出式报警组态

分析：利用运行策略中的报警策略，实现弹出式报警。

具体做法：首先，组态弹出式报警画面；其次，组态运行策略中的报警策略，在报警策略行中添加脚本程序，并利用 !OpenSubWnd() 函数组态弹出式报警。

通过本项目的学习，能够掌握 MCGS 嵌入版组态环境软件报警工具的使用方法以及流程图报警的组态设计，学习常用的几种报警形式：报警滚动条、报警显示、报警浏览以及弹出式窗口显示报警信息。

任务一　报警滚动条组态

MCGS触摸屏嵌入版组态环境软件把报警处理作为数据对象的一个属性，封装在数据对象内部，由实时数据库判断是否有报警产生，并自动进行各种报警处理。

一般来说，首先需要根据实际生产线的情况明确报警需求并进行报警对象的设置，例如某开关型变量的状态为0时提示阀门的非正常关闭，某数据型变量的值超过一定的范围提示温度过高或过低等。本任务中先以开关型变量的位报警类型为例进行组态介绍。

1.变量报警属性设置

在"实时数据库"中新建相应的报警用变量。报警变量清单见表5-1。

表5-1　报警变量清单

序号	对象名称	对象类型	报警属性	报警值	报警注释
1	机械手报警标志	开关	开关量报警	1	机械手过载故障

以开关型变量报警为例，数据对象报警属性设置如图5-1所示。

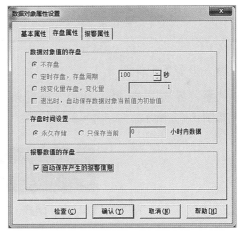

图5-1　数据对象报警属性设置

（1）开关型变量"机械手报警标志"报警属性设置。在数据对象属性设置"报警属性"中勾选"允许进行报警处理"，进行"报警设置"，选择"开关量报警"，报警值为"1"。报警设置各项说明见表5-2。

（2）报警的优先级设置：数字越小优先级越高。当有多个报警同时产生时，系统优先处理优先级高的报警。

（3）报警数值存盘属性设置。在数据对象属性设置"存盘属性"中勾选"自动保存产生的报警信息"。

表 5-2 报警设置各项说明

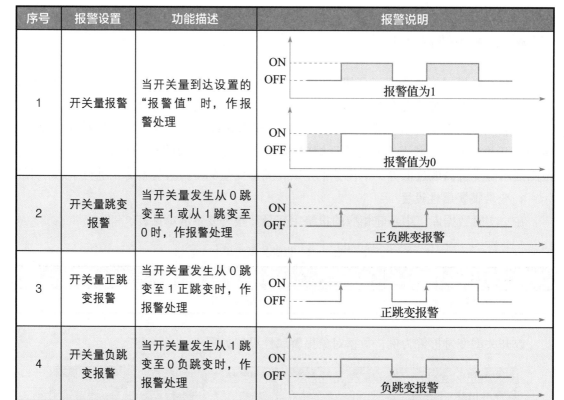

序号	报警设置	功能描述	报警说明
1	开关量报警	当开关量到达设置的"报警值"时,作报警处理	报警值为1 / 报警值为0
2	开关量跳变报警	当开关量发生从0跳变至1或从1跳变至0时,作报警处理	正负跳变报警
3	开关量正跳变报警	当开关量发生从0跳变至1正跳变时,作报警处理	正跳变报警
4	开关量负跳变报警	当开关量发生从1跳变至0负跳变时,作报警处理	负跳变报警

2.插入报警条元件图元

在"灌装界面",选择工具箱"报警条" LED 工具,并在合适的位置放置报警滚动条图元,如图 5-2 所示。

图 5-2 报警条

3.设置报警动画属性,实现报警滚动功能

双击或右击并选择"属性"。在"走马灯报警属性设置"中勾选显示报警对象"机械手报警标志";并设置字体及字号大小、前景色及背景色、滚动等。基本属性参数设置如下:

颜色:前景色为红色;背景色为黄色。

滚动设置:滚动的字符数为1;滚动速度(ms)为200。滚动速度数值越大滚动速度越慢。

报警条组态效果及仿真效果如图 5-3 所示。

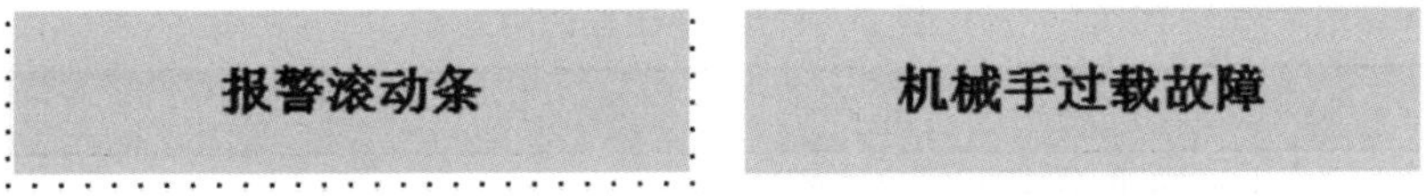

组态效果 仿真效果

图 5－3　报警条组态效果与仿真效果

任务二　报警显示组态

MCGS 触摸屏采用 4 级报警机制，分别为上上限报警、上限报警、下限报警及下下限报警。当报警条件被触发时，报警显示构件将显示预先设置好的报警信息，报警解除后显示报警结束。

1. 报警变量设置

在"实时数据库"的已有变量中设置报警信息，如未设置请自行添加，数据对象报警变量设置见表 5－3。

表 5－3　数据对象报警变量设置

序号	对象名称	报警属性	报警值	报警注释
1	灌装罐液位	数值量报警	上限 1 950 mm	灌装罐液位上限报警
			下限 50 mm	灌装罐液位下限报警
2	混合罐液位	数值量报警	上限 1 950 mm	混合罐液位上限报警
			下限 50 mm	混合罐液位下限报警
3	液体 A 流量	数值量报警	下限 0.25 m³/h	液体 A 流量下限报警
			下下限 0.1 m³/h	液体 A 流量下下限报警
4	液体 B 流量	数值量报警	下限 0.25 m³/h	液体 B 流量下限报警
			下下限 0.1 m³/h	液体 B 流量下下限报警
5	混合液流量	数值量报警	上上限 4.95 m³/h	混合液流量上上限报警
			上限 4.8 m³/h	混合液流量上限报警
			下限 0.25 m³/h	混合液流量下限报警
			下下限 0.1 m³/h	混合液流量下下限报警

以数值型变量"灌装罐液位"报警为例，报警设置说明见表 5－4。

（1）数值型变量"灌装罐液位"报警属性设置。在数据对象属性设置"报警属性"中勾选"允许报警处理"并进行报警设置。

勾选上限报警：报警值为 1 950；报警注释：灌装罐液位上限报警。

勾选下限报警：报警值为 50；报警注释：灌装罐液位下限报警。

表 5-4　报警设置说明

序号	报警设置	功能描述	报警说明
1	下下限报警	当变量低于设置的"报警值"即下下限时，作报警处理	
2	下限报警	当变量低于设置的"报警值"即下限时，作报警处理	
3	上限报警	当变量高于设置的"报警值"即上限时，作报警处理	
4	上上限报警	当变量高于设置的"报警值"即上上限时，作报警处理	
5	下偏差报警	当变量处于"基准值－报警值"至"基准值"之间时，作报警处理	
6	上偏差报警	当变量处于"基准值"至"基准值＋报警值"之间时，作报警处理	

（2）报警的优先级设置：数字越小优先级越高。当有多个报警同时产生时，系统优先处理优先级高的报警。

（3）报警数值存盘属性设置。在数据对象属性设置"存盘属性"中勾选"自动保存产生的报警信息"。

2. 新建报警组对象

（1）添加组对象成员。在"实时数据库"中新建组对象变量"报警组"，并添加表 5-3 报警变量设置中组对象成员，设置如图 5-4 所示。

● 基本属性：数据对象属性设置中的"基本属性"包含数据对象的名称、单位、初值、取值范围和类型等基本特征信息。

（2）设置存盘属性。在"存盘属性"中设置数据对象值的存盘为"定时存盘"，存盘周期为 1 800s。

● 存盘属性：只有组对象才能设置存盘属性，且为定时方式存盘方式，其余普通数据对象没有存盘属性。

图 5-4　报警用组对象成员设置

当组对象设置好存盘属性后，实时数据库按设定的时间间隔，定时存储组对象包含的所有成员数据对象的值。如果设定时间隔设为 0s，则实时数据库不进行自动存盘处理，但可用"数据对象操作"的策略构件来控制数据对象值的带有一定条件的存盘，也可以在脚本程序调用系统函数 !SaveData 来控制数据对象值的存盘。

3.报警显示组态

在"灌装界面"中选择工具箱"报警显示"  工具，并在合适的位置放置报警显示构件。报警显示如图 5-5 所示。

双击打开"报警显示构件属性设置"对话框，可进行"基本属性"和"可见度属性"的设置。

图 5-5　报警显示

（1）"基本属性"中，选择对应的数据对象的名称为组对象"报警组"，勾选"运行时，允许改变列的宽度"，如图 5-6 所示。

图 5-6　报警显示构件基本属性

● 对应的数据对象的名称：报警显示构件要显示的数据对象"报警组"的报警信息，构件将显示"报警组"组对象所有成员的报警信息。

● 报警显示颜色：可指定报警显示颜色，包含报警时、应答后及正常时所显示的颜色。

● 最大记录次数：设置报警显示构件最多能记录的报警信息的个数。如果设为"0"，则自动将设定上限为 2000 个报警；当报警个数超过指定个数时，系统将删掉过时的报警信息。

● 运行时，允许改变列的宽度：勾选时，运行时允许改变报警显示构件显示列的宽度。

（2）"可见度属性"的设置如图 5-7 所示。

● 表达式：本项用所连接表达式的值来控制构件是否可见。如不设置任何表达式，则运行时，构件始终处于可见状态。

● 当表达式非零时：指定表达式的值和构件可见度的对应关系。

报警显示仿真效果如图 5-8 所示。

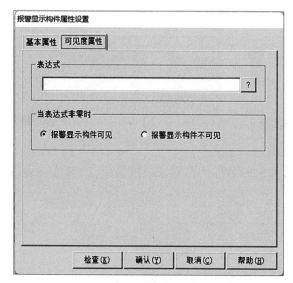

图 5-7　报警显示构件可见度属性

图 5-8　报警显示仿真效果

任务三　报警浏览组态

报警浏览构件运行时，可实现对指定数据对象报警信息的实时显示或报警历史记录的显示。

1. 报警浏览构件属性设置

根据 TPC1061Ti 触摸屏分辨率设置合适的报警浏览构件属性设置。TPC1061Ti 触摸屏为 10.2in TFT 液晶屏，屏幕分辨率为 1 024 像素 ×600 像素，属性设置可参考设置如下。

（1）"基本属性"设置如图 5-9 所示。

行数 1-30：12；行间距：5。

● 实时报警数据：实时报警只显示当前正在发生的报警信息。如果该值为空，则显示所有报警对象信息；不为空，则显示指定对象的报警信息。

● 历史报警数据：历史报警从报警记录库中调用报警信息并显示，可以指定最近一天、一周、一月、自定义时间段或者全部报警信息。

● 开始时间、结束时间：指定自定义开始

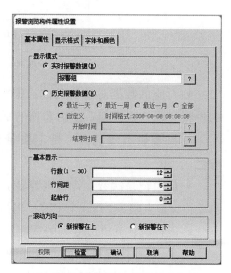

图 5-9　报警浏览构件基本属性

时间和结束时间绑定变量，变量类型是字符且输入值必须符合指定格式：yyyy-mm-dd hh:mm:ss，可以根据需要选择输入到月、日、分、秒。

- 行数（1-30）：指定构件显示的行数。
- 行间距：行与行间的距离。
- 起始行：在有多个报警信息时，从第几条报警信息开始显示。
- 滚动方向：选择"新报警在上"时，新报警信息显示在表格的第一行；选择"新报警在下"时，则新报警显示在最后一行。

（2）"显示格式"设置如图 5－10 所示。

日期：120；时间：120；对象名：150；报警类型：120；当前值：150；报警描述：240。

- 显示内容及列宽：指定显示报警信息的列字段及列宽。
- 边框类型：指定报警浏览构件的边框类型，有表格类型、无表格类型、边框类型和无边框表格类型 4 种类型。
- 日期格式：指定日期的显示格式，有 yyyy/mm/dd、mm/dd/yyyy、dd/mm/yyyy、yyyy 年 mm 月 dd 日 4 种格式。
- 时间格式：指定时间的显示格式，如 hh:mm:ss、hh/mm/ss、hh 时 mm 分 ss 秒。

（3）"字体和颜色"设置如图 5－11 所示。

图 5－10　报警浏览构件显示格式

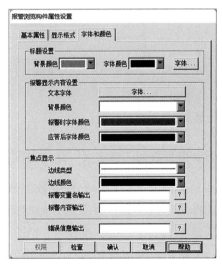

图 5－11　报警浏览构件字体和颜色

- 背景颜色：设置报警浏览构件的背景颜色。
- 字体颜色、字体：设置字体显示大小及颜色。
- 报警显示内容设置：设置报警信息显示时的字体、颜色，分别指定报警时、应答后等不同状态报警信息字体颜色。
- 边线类型：选中报警信息时，报警信息边线的粗细类型。

- 边线颜色：选中报警信息时，报警信息的边线颜色。
- 报警变量名输出：把当前焦点报警行的变量名输出到指定变量。
- 报警内容输出：把当前焦点报警信息的子显示内容输出到指定变量。
- 错误信息输出：在运行环境下，当报警浏览构件相关操作错误时，用于输出错误提示信息。

2. 报警浏览构件动画设置

选择滚动方向为"新报警在上"。

（1）实时报警设置。"基本属性"中显示模式选择"实时报警数据"并关联组对象"报警组"。

（2）历史报警设置。"基本属性"中显示模式选择"历史报警数据"，可选择"最近一天""最近一周""最近一月""全部"以及"自定义"5 种历史报警数据。

3. 报警浏览构件组态

实时报警浏览组态如图 5－12 所示。

日期	时间	对象名	报警类型	当前值	报警描述

图 5－12　实时报警浏览组态

技能拓展

历史报警数据"自定义"选择时间段方法

（1）报警浏览构件历史报警数据选择"自定义"设置。历史报警数据"自定义"可自主选择历史报警数据查看的开始时间和结束时间。开始时间设置为 InputSTime，结束时间设置为 InputETime，如图 5－13 所示。

（2）历史报警界面组态。报警浏览构件属性设置中的显示格式等与实时报警设置相同。在"报警界面"用户窗口中添加"标签""输入框"和"按钮"三类图元。

1）标签及输入框组态。输入标签文字"开始时间""结束时间"两个标签，并分别设置为 InputSTime 和 InputETime 两个系统内建数据对象，如图 5－14 所示。

图 5－13　报警浏览自定义开始时间和结束时间

图 5－14　自定义开始时间和结束时间组态

2）按钮组态。修改按钮文本为"刷新"。

方法一：利用脚本程序实现按钮的刷新功能。在标准按钮脚本程序"按下脚本"中输入"历史报警.控件2.RefreshHistoryData( )"。

单击点开标准按钮脚本程序"按下脚本"打开脚本程序编程器。在脚本程序编程器中，单击右侧"用户窗口"，依次选择"历史报警"→"控件－报警浏览"→"方法"→"RefreshHistoryData"完成脚本程序编写。按钮刷新脚本程序（脚本程序）如图 5－15 所示。

图 5－15　按钮刷新脚本程序（脚本程序）

说明：控件名称请按实际情况，可能存在控件名称不相同的情况。

方法二：利用事件实现按钮的刷新功能。在标准按钮的事件组态中，连接脚本函数"历史报警.控件2.RefreshHistoryData( )"，实现标准按钮的数据刷新功能。

右击标准按钮，选择"事件"打开"事件组态"对话框，如图 5－16 所示。在"事件组态"对话框中选择单击"Click"连接脚本函数。在事件参数连接组态中，单击"事件连接脚本"，输入脚本程序。按钮刷新脚本程序（事件）如图 5－16 所示。

图 5－16　按钮刷新脚本程序（事件）

脚本程序有单击"Click"、鼠标按下移动"MouseDown"、鼠标抬起"MouseUp"、鼠标向移动"MouseMove"、按下按键"KeyDown"及按键抬起"KeyUp"6 种。

（3）历史报警数据"自定义"选择时间段方法组态仿真。在开始时间、结束时间中分别输入相应的时间，单击按钮"刷新"即可完成历史报警数据的显示。开始时间、结束时间格式为"2022-05-02　08:08:08"注意日期和时间之间的空格。报警记录组态画面仿真效果如图 5 - 17 所示。

图 5 - 17 报警记录组态画面仿真效果

触摸屏用户授权

项目六

拓展项目 1
用户授权

学习目标

1. 掌握触摸屏用户权限管理及设置。
2. 掌握触摸屏用户管理中脚本程序的使用方式。
3. 掌握用户权限界面的组态方法。
4. 了解用户登录操作函数的功能。
5. 了解相关国家标准，具备一定的工程素养。

重点难点

1. 实现用户登录、退出登录、修改用户密码和用户管理等功能的组态工作。
2. 通过字符串比较判断，实现"用户登录""用户退出"按钮可见度属性设置。

项目引入

在工业过程控制中，应该尽量避免由于现场人为的误操作所引发的故障或事故，而某些误操作所带来的后果有可能是致命的。为了防止这类事故的发生，MCGS 嵌入版组态软件提供了一套完善的安全机制，严格限制各类操作的权限，使不具备操作资格的人员无法进行操作，从而避免了现场操作的任意性和无序状态，防止因误操作而干扰系统的正常运行，甚至导致系统瘫痪，造成不必要的损失。

MCGS 嵌入版组态软件的安全管理机制引入用户组和用户的概念来进行权限的控制。在 MCGS 嵌入版中可以定义无限多个用户组，每个用户组中可以包含无限多个用户，同一个用户可以隶属于多个用户组。

本项目为对液位控制系统的安全机制进行设置，只有负责人才能进行用户和用户组管理；只有负责人才能进行"打开工程""退出系统"的操作；只有负责人才能进行水罐水量的控制；普通操作人员只能进行基本按钮的操作。

分析：用户组包括管理员组、操作员组；用户包括负责人、张工（虚拟的用户名称）；负责人隶属于管理员组；张工隶属于操作员组；管理员组成员可以进行所有操作；操作员组成员只能进行按钮操作。

具体做法：

（1）利用 MCGS 嵌入版组态软件菜单栏"工具"中"用户权限管理"定义用户和用户组。

（2）进入主控窗口，选中"主控窗口"图标，单击"系统属性"按钮，进入"主控窗口属性设置"对话框进行系统权限管理操作。

（3）进入液位控制窗口，双击对应的对话框，单击下方的"权限"按钮，进行操作权限管理。

（4）为了保护工程开发人员的劳动成果和利益，进行工程密码设置。

通过本项目的学习，能够掌握用 MCGS 嵌入版组态软件对触摸屏用户权限进行管理和设置。

任务一 用户权限管理及设置

用户操作权限在运行时才体现出来。某个用户在进行操作之前首先要进行登录工作，登录成功后该用户才能进行所需的操作，完成操作后退出登录，使操作权限失效。用户登录、退出登录、运行时修改用户密码和用户管理等功能都需要在组态环境中进行一定的组态工作，在脚本程序使用中，由四个内部函数可以完成上述工作。

1. 添加用户、用户组及设置隶属关系

在 MCGS 嵌入版组态软件的"工作台"界面下，单击菜单栏"工具"→"用户权限管理"，打开用户管理器，新增用户及用户组。具体信息见表 6-1。

表 6-1　用户清单

序号	用户名	用户组名	密码	描述
1	一般用户 A	一般用户组	1111	一般系统控制，不可修改系统参数
2	一般用户 B	一般用户组	1111	一般系统控制，不可修改系统参数
3	一般用户 C	一般用户组	1111	一般系统控制，不可修改系统参数
4	高级用户 A	高级用户组	1234	高级系统控制，可修改生产运行系统参数
5	高级用户 B	高级用户组	1234	高级系统控制，可修改生产运行系统参数
6	系统管理员	系统管理员组	1122	高级系统控制，可以修改全部系统参数及其他用户密码

用户与用户组之间的隶属关系，分别如图6-1、图6-2和图6-3所示。

一般用户A、一般用户B、一般用户C隶属于一般用户组；高级用户A和高级用户B隶属于高级用户组和一般用户组，能够操作高级用户组及以下所有操作权限；系统管理员隶属于系统管理员组，能够操作系统管理员组及以下所有操作权限，即完全权限。

用户组态效果如图6-4所示。

图6-1　一般用户组用户设置　　　　　图6-2　高级用户组用户设置

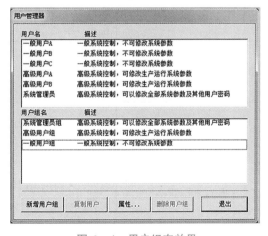

图6-3　系统管理员组用户设置　　　　　图6-4　用户组态效果

2.新建"用户登录""用户退出"两个标准按钮并组态

在MCGSE嵌入版组态软件的"工作台"界面下，在"用户窗口"中打开用户窗口"公共窗口"。重命名第一个"按钮"为"用户登录"，并复制新建一个新标准按钮，命名为"用户退出"，如图6-5所示。

图6-5　用户登录界面绘制

拓展项目 2
脚本设计（用
户密码）

（1）"用户登录"功能组态。在用户窗口"公共窗口"中双击标准按钮"用户登录"，在"脚本程序"按下脚本选择"系统函数"用户登录操作中的"!LogOn( )"，实现用户登录功能。

（2）"用户退出"功能组态。在用户窗口"公共窗口"中双击标准按钮"用户退出"，在"脚本程序"按下脚本选择"系统函数"用户登录操作中的"!LogOff( )"，实现用户退出功能。

MCGS 嵌入版系统内部用户登录操作函数见表 6 - 2。

表 6 - 2　MCGS 嵌入版系统内部用户登录操作函数

序号	函数	函数功能	实例
1	!LogOn( )	弹出登录对话框	!LogOn()
2	!LogOff( )	注销当前用户	!LogOff( )
3	!Editusers( )	弹出用户管理窗口，供管理员组的操作者配置用户	!Editusers( )
4	!ChangePassword( )	弹出密码修改窗口，供当前登录用户修改密码	!ChangePassword( )
5	!GetCurrentUser()	读取当前登录用户的用户名	!GetCurrentUser()
6	!GetCurrentGroup( )	读取当前登录用户的所在用户组名	!GetCurrentGroup( )
7	!CheckUserGroup（"用户组名"）	检查当前登录的用户是否属于 strUserGroup 用户组的成员	!CheckUserGroup("系统管理员组")
8	!EnableExitLogon(n)	打开 / 关闭退出时的权限检查	n，数值型。 退出时进行权限检查：!EnableExitLogon(1)； 退出时不进行权限检查：!EnableExitLogon(0)
9	!EnableExitPrompt(n)	打开 / 关闭退出时的提示信息	n，数值型。 退出时弹出提示信息对话框：!EnableExitPrompt(1)； 退出时不出现信息对话框：!EnableExitPrompt(0)

3. "用户登录""用户退出"按钮可见度属性设置

当未有用户登录时，触摸屏显示"用户登录"按钮、隐藏"用户退出"按钮；相反，当有用户登录时，触摸屏隐藏"用户登录"按钮、显示"用户退出"按钮。

（1）登录用户名并进行字符串比较判断。

首先，利用"!GetCurrentUser()"函数获取触摸屏当前的登录用户名；然后利用"!strComp()"进行字符串比较判断获取的登录用户名与用户管理器中的用户名是否一致。这两个函数见表 6 - 3。

表6-3　登录用户名并进行字符串比较的函数

序号	函数	系统函数	函数功能	说明
1	!GetCurrentUser()	用户登录操作	读取当前登录用户的用户名	返回值：字符型。返回当前登录用户的用户名，如没有登录返回空
2	!strComp(str1,str2)	字符串操作	比较字符型数据对象 str1 和 str2 是否相等	返回值：数值型。当返回值为 0 时，str1 和 str2 相等；当返回值非 0 时，str1 和 str2 不相等。不区分大小写字母

　　假设触摸屏的当前登录用户为"一般用户 A"，则利用 !GetCurrentUser() 函数获取当前用户名，其函数返回字符型用户名为 "" 一般用户 A""，英文状态下的双引号 "" 表示之间的文字、字母、数字等为字符串类型变量。

　　利用 !strComp(str1,str2) 比较当前用户与系统内设用户进行比较，函数表达式如下：

　　!strComp(!GetCurrentUser()," 一般用户 A")=0

　　以上函数 !strComp(str1,str2) 用来检测并判断 !GetCurrentUser() 的函数返回值和 "" 一般用户 A""字符串是否相等。

　　则用户管理中的一般用户 A、一般用户 B、一般用户 C、高级用户 A、高级用户 B 和系统管理员这 6 个用户，其用户名字符串判断表达式见表 6-4。

表6-4　用户登录操作判断脚本程序

序号	用户名	判断表达式	说明
1	一般用户 A	!strComp(!GetCurrentUser()," 一般用户 A")=0	判断当前用户是否为一般用户 A
2	一般用户 B	!strComp(!GetCurrentUser()," 一般用户 B")=0	判断当前用户是否为一般用户 B
3	一般用户 C	!strComp(!GetCurrentUser()," 一般用户 C")=0	判断当前用户是否为一般用户 C
4	高级用户 A	!strComp(!GetCurrentUser()," 高级用户 A")=0	判断当前用户是否为高级用户 A
5	高级用户 B	!strComp(!GetCurrentUser()," 高级用户 B ")=0	判断当前用户是否为高级用户 B
6	系统管理员	!strComp(!GetCurrentUser()," 系统管理员 ")=0	判断当前用户是否为系统管理员

　　（2）可见度属性设置。

　　利用标准按钮的可见度属性进行显示与隐藏。当登录用户是一般用户 A、一般用户 B、一般用户 C、高级用户 A、高级用户 B 和系统管理员这 6 个用户中的任意一个用户时，即判断表达式为"或"逻辑，隐藏"用户登录"按钮并显示"用户退出"按钮。在可见度属性中输入以下表达式如下：

　　!strComp(!GetCurrentUser()," 一般用户 A")=0 OR !strComp(!GetCurrentUser()," 一般用户 B")=0 OR !strComp(!GetCurrentUser()," 一般用户 C")=0 OR !strComp(!GetCurrentUser()," 高级用户 A")=0 OR !strComp(!GetCurrentUser()," 高级用户 B ")=0 OR !strComp(!GetCurrentUser()," 系统管理员 ")=0

注意：表达式与"OR"之间有空格。

在"用户登录"按钮可见度属性中，选中"当表达式非零时"：按钮不可见；在"用户退出"按钮可见度属性中，选中"当表达式非零时"：按钮可见。

（3）按钮刷新功能设置。

在实际运行过程中，"用户登录"和"用户退出"可能不能实时进行可见度显示，会有一定的延时，此时可利用刷新功能对"用户登录"和"用户退出"的可见度进行刷新，增加其实时性。此步骤不影响功能的实现，用户可忽略。

在"用户登录"和"用户退出"的抬起脚本中增加刷新功能，具体如下（这里以用户登录按钮刷新为例）：

在"用户登录"按钮脚本程序"抬起脚本"中须对所有用户窗口进行刷新。在脚本程序右侧树形栏中选择"用户窗口"中的"公共窗口"，单击选择"公共窗口"中的"方法"，双击"Refresh"即完成"用户登录"按钮在"公共窗口"中的刷新功能。其他窗口刷新功能脚本程序类似。部分窗口的"用户登录"按钮刷新脚本程序，如下所示。其他窗口的刷新脚本程序请用户自行编写添加。

```
用户窗口.公共窗口.Refresh( )
用户窗口.运行界面.Refresh( )
用户窗口.混合界面.Refresh( )
用户窗口.灌装界面.Refresh( )
......
```

登录状态与未登录状态时，"用户登录"和"用户退出"按钮的可见度仿真效果如图6-6所示。图中左侧为登录状态时的仿真情形，右侧为未登录状态时的仿真情形。

4. 登录用户信息显示

在用户窗口的"公共窗口"中，组态登录用户信息显示区。在公共窗口中，插入两个"标签"对象，并分别修改为"当前用户"和"系统登录用户名"。在"系统登录用户名"标签"扩展属性"输入输出连接中勾选"显示输出"，并在"显示输出"中连接表达式"$UserName"，输出值类型为"字符串输出"。登录用户名显示效果如图6-7所示，左侧为组态效果，右侧为登录仿真效果。

图6-6　登录/未登录状态仿真效果　　　　　图6-7　登录用户名显示效果

任务二　用户授权界面组态制作

在任务一用户权限管理及设置的基础上，新建一个标准按钮或组态用户授权管理组态界面。

1. 添加用户权限管理按钮

在 MCGSE 嵌入版组态软件的"工作台"界面下，在"用户窗口"中打开用户窗口
"公共窗口"。新建一个标准"按钮"，并设置按钮为透明按钮，实现用户权限管理功能。

（1）添加标准按钮并设置大小与当前用户信息显示区大小一致，在"基本属性"中
设置此按钮的背景色为"没有填充"，边线色为"没有边线"，即设置按钮为透明按钮；
在标准按钮构件属性设置中设置按钮权限为"系统管理员组"，如图 6-8 所示。

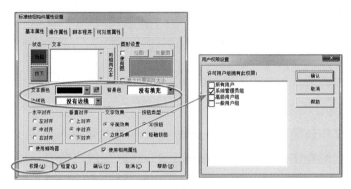

图 6-8　用户权限设置

此标准按钮权限设置为"系统管理员组"级别，表明只有当用户为"系统管理员组"成
员时，才能点击并实现相应功能，其他"一般用户组""高级用户组"无此按钮的操作权限。

（2）用户授权管理功能的实现。标准按钮构件属性设置中，在"脚本程序"抬起脚
本输入脚本程序，实现用户授权的管理功能。如脚本程序：!Editusers( )。

2. 用户授权界面组态

在 MCGSE 嵌入版组态软件的"工作台"界面下，在"用户窗口"中新建用户窗口
并修改窗口名称为"其他参数"。在此步骤中实现详细的用户授权管理的各种功能。

（1）当前登录用户名及用户组显示。利用"标签"对当前登录用户的用户名及用户组
进行显示。在"其他参数"界面中，插入 4 个"标签"图元，并利用用户登录操作函数
!GetCurrentUser() 或系统变量 $UserName 显示当前登录用户的用户名，用户登录操作函
数 !GetCurrentGroup() 显示当前登录用户的用户组名，输出值类型为字符串输出。

（2）"用户管理""修改密码"按钮组态。利用用户登录操作函数 !Editusers() 和
!ChangePassword( ) 实现用户管理和密码修改功能。在"其他参数"界面中，插入 2 个"标
准按钮"图元，在标准按钮的脚本程序中输入用户登录操作函数 !Editusers()，弹出用户
管理窗口，供"系统管理员组"的成员配置用户；用户登录操作函数 !ChangePassword( )
弹出密码修改窗口，供当前登录用户修改密码。

（3）其他参数用户窗口权限管理。为避免现场操作人为的误操作，对"公共窗口"
中的"其他参数"按钮进行权限管理。首先，新建用户窗口并命名为"权限不足"，提示

框参考尺寸大小 260 像素 ×100 像素。组态效果如图 6-9 所示。

图 6-9　用户登录权限不足提示

其次，在"其他参数"按钮脚本程序中输入以下脚本，实现当登录用户不是"系统管理员组"成员时，在页面中间位置弹出"权限不足"对话框。脚本程序如下：

```
IF !strComp(!GetCurrentUser( )," 系统管理员 ")=0 THEN
    用户窗口 . 其他参数 .Open( )
ELSE
    !OpenSubWnd( 提示 01 权限不足 ,380,240,260,100,18)
ENDIF
```

利用字符串操作函数 !strComp(str1,str2) 比较字符型数据对象 str1 和 str2 是否相等，即比较利用用户登录操作函数 !GetCurrentUser( ) 获取到的当前登录用户 str1 和字符串 " 系统管理员 "str2 是否相等。当 str1 和 str2 相等时，打开用户窗口"其他参数"；否则弹出提示框"权限不足！"。

项目七

触摸屏配方管理

📖 学习目标

1. 掌握触摸屏内部配方组态及编辑方法。
2. 掌握配方变量的添加方法及配方组组态。
3. 掌握常用配方操作函数的使用方法。
4. 了解配方管理画面的设计与组态。
5. 了解相关国家标准，具备一定的工程素养。

📚 重点难点

1. 配方组态设计的使用。
2. 配方管理与配方操作。

🏭 项目引入

在生产制造领域，配方是用来描述物品生产时不同物料之间的配比关系或设备制造时不同设备的生产工艺关系，是生产制造环节中物料配比变量或工艺参数所对应的参数设定值的集合。例如饮料厂生产饮料时的配料配方，此配方列出所有要用来生产各种口味饮料的配料，如纯净水、白砂糖、浓缩果汁、水果味香精等，而不同口味的饮料会有不同的配料用量。

配方构件采用数据库处理方式：可以在一个用户工程中同时建立和保存多个配方组；每个配方组的配方成员变量和配方可以任意修改；各个配方成员变量的值可以在组态和运行环境中修改；可随时指定配方组中的某个配方为配方组的当前配方；把指定配方组的当前配方的参数值装载到实时数据库的对应变量中；也可把实时数据库的变量值保存到指定配方组的当前配方中。此外还提供了追加配方、插入配方、对当前配方改名等功能。

　　根据图 7-1 所示触摸屏配方组态功能，在 MCGS 嵌入版配方构件中建立配方组、配方组名、变量以及输出系数等，确定每项参数的完整度，完成触摸屏基本的配方组态。

| 配方变量 | TPC侧配方数据 | PLC侧配方数据 |

图 7-1　触摸屏配方组态

　　分析： 此项目为触摸屏配方组态，旨在通过组态掌握基本的配方制作方法。

（1）建立配方数据。

（2）组态配方界面。

（3）在实时数据库中建立配方所需要绑定的变量。

　　具体做法：

（1）单击菜单栏中"工具"→"配方组态设计"，进入配方组态窗口，新建配方组，配方组名字为"配方组 X"。

（2）增加配方变量，并使用变量名称作为列标题。

（3）增加配方，在"编辑"下的"编辑配方"进行组态。

（4）新建配方组态界面，建立"工艺配方名称"，类型为字符型变量，显示输出设置相应的配方名称。

（5）组态全局脚本和对应的"配方装载"和"配方修改"等脚本。

　　通过本项目的学习，能够掌握用 MCGS 嵌入版组态配方设计以及对其脚本进行设置。

拓展项目 3
HMI 配方组态

任务一　配方组态设计

　　"配方组态设计"窗口主要分为三部分：左边是配方组列表，工程中所有的配方组都会显示在这里；右边上部是配方组的名称、成员变量个数等配方组信息；下方则显示这个配方组的成员变量列表及其对应的数据对象名称、列标题等信息。

　　使用配方组态设计进行配方参数设置的具体步骤如下：

1. 添加配方组对应变量成员

　　在 MCGS 嵌入版组态软件的"工作台"界面下，在"实时数据库"页面，添加表 7-1

所示配方组对应变量成员。

表 7 - 1　配方变量

序号	对象名称	对象类型	工程单位	数值范围	小数位数
1	液体 A 流量设置	数值	m³/h	0 ～ 5	2
2	液体 B 流量设置	数值	m³/h	0 ～ 5	2
3	混合液流量设置	数值	m³/h	0 ～ 5	2
4	灌装流量设置	数值	m³/h	0 ～ 5	2
5	输送线速度设置	数值	m/min	0 ～ 10	1
6	搅拌时间设置	数值	min	0 ～ 50	0

2. 组态配方组，并添加配方变量

在 MCGSE 嵌入版组态软件的"工作台"界面下，单击菜单栏"工具"→"配方组态设计"，打开"配方组态设计"对话框，新增配方组及配方变量。

（1）添加配方组。在"配方组态设计"对话框中，单击菜单"文件"新增配方组或单击工具栏"增加一个配方组"，添加配方组并修改配方名称为"液体混合配方"。配方组态设计对话框工具栏如图 7 - 2 所示。

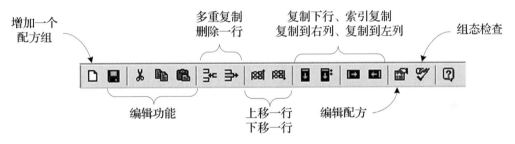

图 7 - 2　配方组态设计对话框工具栏

（2）添加配方变量。在配方组"液体混合配方"中，按第一步中添加的变量名称添加配方组变量及相应的列标题。配方组态如图 7 - 3 所示。

图 7 - 3　配方组态

3. 编辑配方

在"配方组态设计"对话框中，单击"编辑配方"，进入配方修改，并根据工艺要求添加配方。如在"液体混合配方组"下增加"混合液 1"和"混合液 2"两个配方项。配方修改如图 7 - 4 所示。

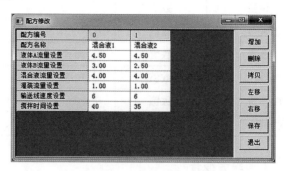

图 7 - 4 配方修改

保存退出"配方组态设计"对话框，即完成配方组组态。

任务二 配方组态制作

在 MCGS 触摸屏嵌入版组态软件的配方构件中，所有配料的列表就是一个配方组。当组态完成一个配方后，在运行环境下需要对配方进行操作，如装载配方记录、保存配方记录值等。

1. 配方操作函数及配方功能脚本函数介绍

MCGS 嵌入版组态软件使用特定的配方操作函数和配方功能脚本函数来实现对配方的操作，主要有以下几类：通过用户界面装载和编辑配方的函数、不带用户界面的配方装载和编辑函数、配方组中当前配方的定位函数、对当前配方进行操作的函数。配方操作函数及配方功能脚本函数见表 7 - 2。

表 7 - 2 配方操作函数及配方功能脚本函数

序号	函数	函数功能	实例
1	!RecipeLoadByDialog ("配方组名称","对话框标题")	弹出配方选择对话框，让用户选择要装入的配方	!RecipeLoadByDialog ("液体混合配方","装入配方…")
2	!RecipeModifyByDialog ("配方组名称")	通过配方编辑对话框，让用户在运行环境中编辑配方	!RecipeModifyByDialog ("液体混合配方")
3	!RecipeLoadByName ("配方组名称","配方名称")	装载指定配方组中的指定配方	!RecipeLoadByName ("液体混合配方","混合液 1")
4	!RecipeLoadByNum ("配方组名称",配方编号)	装载指定配方组中指定编号的配方	!RecipeLoadByNum ("液体混合配方", 0) 说明：装载配方"混合液 1"

续表

序号	函数	函数功能	实例
5	!RecipeMoveFirst (" 配方组名称 ")	设置指定配方组的当前配方为配方组中的第一个配方	!RecipeMoveFirst (" 液体混合配方 ")
6	!RecipeMoveLast (" 配方组名称 ")	设置指定配方组的当前配方为配方组中的最后一个配方	!RecipeMoveLast(" 液体混合配方 ")
7	!RecipeMoveNext(" 配方组名称 ")	设置指定配方组的当前配方为配方组当前配方的下一个配方	!RecipeMoveNext (" 液体混合配方 ")
8	!RecipeMovePrev(" 配方组名称 ")	设置指定配方组的当前配方为配方组当前配方的上一个配方	!RecipeMovePrev (" 液体混合配方 ")
9	!RecipeSeekTo(" 配方组名称 "," 配方名称 ")	设置指定配方组的当前配方为配方组中指定名称的配方	!RecipeSeekTo (" 液体混合配方 "," 混合液 1")
10	!RecipeSeekToPositI/On (" 配方组名称 ", 配方编号)	设置指定配方组的当前配方为配方组中指定编号的配方	!RecipeSeekToPositI/On (" 液体混合配方 ", 3) 说明：设置当前配方编号为 3
11	!RecipeGetCurrentPositI/On(" 配方组名称 ")	返回指定配方组当前配方的编号	!RecipeGetCurrentPositI/On(" 液体混合配方 ")
12	!RecipeDelete(" 配方组名称 ")	删除指定配方组的当前配方	!RecipeDelete (" 液体混合配方 ")
13	!RecipeGetName(" 配方组名称 ")	得到指定配方组当前配方的名称	!RecipeGetName(" 液体混合配方 ")
14	!RecipeSetName(" 配方组名称 "," 配方名称 ")	设置指定配方组当前配方的名称	!RecipeSetName(" 液体混合配方 "," 混合液 5")

其他配方操作函数及配方功能脚本函数，请参考 MCGS 嵌入版组态软件帮助文档。

2. 配方画面组态

一般情况下，配方数据直接改写 PLC 变量。在进行配方操作时，避免数值改写误操作造成 PLC 设备误动作，利用标准按钮和脚本程序组态配方数据下载功能，隔绝数据直接关联。

（1）添加配方组对应 PLC 变量。在 MCGS 嵌入版组态软件的"工作台"界面下，在"实时数据库"页面，添加表 7-3、表 7-4 所示配方组对应 PLC 变量。

表 7-3　配方变量

序号	对象名称	对象类型	工程单位	数值范围	小数位数	对应 PLC 通道
1	液体 A 流量设置 PLC	数值	m³/h	0～5	2	MD120
2	液体 B 流量设置 PLC	数值	m³/h	0～5	2	MD124
3	混合液流量设置 PLC	数值	m³/h	0～5	2	MD128
4	灌装流量设置 PLC	数值	m³/h	0～5	2	MD132
5	输送线速度设置 PLC	数值	m/min	0～10	1	MD136
6	搅拌时间设置 PLC	数值	min	0～50	0	MW140

表 7-4 配方组对象变量

序号	对象名称	对象类型	组对象成员
1	配方组对象	组对象	液体 A 流量设置 PLC、液体 B 流量设置 PLC、混合液流量设置 PLC、灌装流量设置 PLC、输送线速度设置 PLC、搅拌时间设置 PLC

配方组对象属性设置如图 7-5 所示。

（2）配方管理画面组态。新建用户窗口"配方管理"，完成相应的配方管理组态，实现当前配方显示、配方管理操作及配方数据下载及查看功能。具体如下：

1）当前配方名显示。在用户窗口"配方管理"插入"标签"，并利用"标签"显示功能显示当前配方名称。显示输出的表达式为 !RecipeGetName("液体混合配方")，输出值类型为字符串输出，如图 7-6 所示。

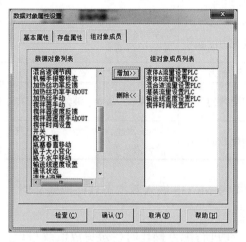

图 7-5 配方组对象属性设置

图 7-6 当前配方名显示

2）配方管理操作。在用户窗口"配方管理"插入标准按钮，并将按钮分别命名为"配方装载"和"配方修改"。在"配方装载"按钮的脚本程序按下脚本中输入以下脚本程序：

!RecipeLoadByDialog("液体混合配方","请选择配方...")

在"配方修改"按钮的脚本程序按下脚本中输入以下脚本程序：

!RecipeModifyByDialog("液体混合配方")

3）配方数据下载及查看功能。用户窗口"配方管理"插入标准按钮，并将按钮命名为"下载配方数据到 PLC"。在"下载配方数据到 PLC"按钮的脚本程序按下脚本中输入以下脚本程序：

IF 通信状态＝0 AND 配方下载＝1 THEN !RecipeSetValueTo("液体混合配方",配方组对象)

在触摸屏执行此行脚本程序时，系统检测触摸屏与 PLC 之间的通信是否正常（通信正常时，通信状态 =0）及"下载配方数据到 PLC"按钮是否被按下。

当条件符合时，调用配方操作函数 !RecipeSetValueTo(" 液体混合配方 ", 配方组对象)，将指定配方组 "" 液体混合配方 "" 的当前配方参数值复制到组对象"配方组对象"的成员中，将触摸屏中的配方数据下载到 PLC 中。

```
IF !RecipeSetValueTo(" 液体混合配方 ", 配方组对象 ) = 0 THEN
!OpenSubWnd( 提示 02 操作成功 ,380,240,260,100,18)
ELSE
!OpenSubWnd( 提示 03 操作失败 ,380,240,260,100,18)
ENDIF
```

此脚本程序中，利用配方操作函数 !RecipeSetValueTo(" 液体混合配方 ", 配方组对象) 的返回值，调用对应的提示框。当返回值为"0"时，即被成功调用，打开"操作成功"弹出式对话框；当返回值为"非 0"时，即调用失败，打开"操作失败"弹出式对话框。配方管理画面仿真效果如图 7 - 7 所示。

图 7 - 7　配方管理画面仿真效果

项目八

触摸屏趋势曲线组态

📚 学习目标

1. 掌握触摸屏实时曲线的组态。
2. 掌握触摸屏历史曲线的组态。
3. 了解相关国家标准，具备一定的工程素养。

📖 重点难点

1. 实时曲线构件的使用。
2. 历史曲线构件的使用。

⭐ 项目引入

计算机普及之前，在工业控制中趋势曲线相应时间点的数值往往由操作工手工记录完成。本项目借助 MCGS 嵌入版组态软件的实时曲线构件和历史曲线构件实现趋势曲线等功能。

分析：

（1）用户窗口实时显示相应变量的实时曲线变化情况，如 PID 控制中的 PV 值曲线，用于定性分析特定变量是否异常。

（2）用户可调取特定变量的历史网线，可用于判断故障原因。

具体做法：

（1）利用 MCGS 嵌入版组态软件工具箱中提供的"实时曲线构件"，用曲线显示一个或多个数据对象数值的动画图形，绘制相应的实时曲线用户窗口。

（2）利用历史曲线构件可实现历史数据的曲线浏览功能，对于历史数据的变化有一个很好的体现和描述，并可用于系统分析。

拓展项目 4
趋势曲线

通过本项目的学习，能够掌握 MCGS 嵌入版组态软件工具箱的使用方法以及简单流程图的组态设计。

任务一　实时曲线

实时曲线构件是用曲线显示一个或多个数据对象数值的动画图形，如同笔绘记录仪一样实时记录数据对象值的变化情况。实时曲线构件可以用绝对时间为横轴标度，此时，构件显示的是数据对象的值与时间的函数关系；实时曲线构件也可以使用相对时钟为横轴标度，此时，须指定一个表达式来表示相对时钟，构件显示的是数据对象的值相对于此表达式值的函数关系。在相对时钟方式下，可以指定一个数据对象为横轴标度，从而实现记录一个数据对象相对另一个数据对象的变化曲线。

1. 插入实时曲线构件

新建用户窗口"趋势曲线"，在用户窗口"趋势曲线"插入"实时曲线"构件，完成相应变量数据的实时趋势曲线显示，这里以液体 A 流量等变量为例。实时曲线构件如图 8-1 所示。

2. 实时曲线构件设置

根据液体 A 流量等变量信息，设置实时曲线构件。

（1）基本属性设置。在实时曲线构件属性设置中设置相应的基本属性，如图 8-2 所示。

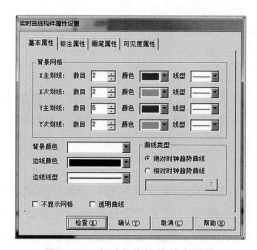

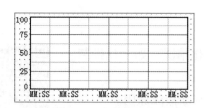

图 8-1　实时曲线构件　　　　　图 8-2　实时曲线构件基本属性

● 背景网格：设置坐标网格的数目、颜色、线型，包括 X 主划线、X 次划线、Y 主划线、Y 次划线。

● 背景颜色：设置实时曲线构件的背景颜色。

● 边线颜色：设置实时曲线构件的边线颜色。

● 边线线型：设置实时曲线构件的边线线型。

● 曲线类型："绝对时钟趋势曲线"用绝对时钟作为横坐标的标度，显示数据对象值随时间的变化曲线，时钟采用触摸屏系统时间；"相对时钟趋势曲线"用指定的表达式作为横坐标的标度，显示一个数据对象相对于另一个数据对象的变化曲线。

● 不显示网格：勾选此项，在实时曲线构件的曲线窗口中不显示坐标网格。

● 透明曲线：勾选此项，将实时曲线设置为透明曲线。

（2）标注属性设置。在实时曲线构件属性设置中设置相应的标注属性，如图 8-3 所示。

● X 轴标注：设置 X 轴标注的标注颜色、标注间隔、标注字体、时间格式、时间单位及 X 轴的长度。当曲线的类型为"绝对时钟趋势曲线"时，需要指定时间格式、时间单位，X 轴的长度是以指定的时间单位为单位的；当曲线的类型为"相对时钟趋势曲线"时，指定 X 轴标注的小数位数和 X 轴的最小值。选中"不显示 X 轴坐标标注"项，将不显示 X 轴的标注文字。

● Y 轴标注：设置 Y 轴的标注颜色、标注间隔、小数位数和最小值、最大值以及标注字体。选中"不显示 Y 轴坐标标注"项，将不显示 Y 轴的标注文字。

● 锁定 X 轴的起始坐标：只有当选取"绝对时钟趋势曲线"，并且将时间单位选取为小时，此项才可以被选中。当选中后，X 轴的起始时间将定在所填写的时间位置。

（3）画笔属性设置。在实时曲线构件属性设置中设置相应的画笔属性，如图 8-4 所示。液位 A 流量、液位 B 流量、混合液流量对应颜色为黄、绿、红。

图 8-3　实时曲线构件标注属性

图 8-4　实时曲线构件画笔属性

画笔对应的表达式和属性：一条曲线相当于一支画笔，一个实时曲线构件最多可同时显示 6 条曲线。

任务二　历史曲线

历史曲线构件实现了历史数据的曲线浏览功能。运行时，历史曲线构件能够根据需要画出相应历史数据的趋势效果图，对历史数据的变化有一个很好的体现和描述。

1. 新建存盘数据对象

在"实时数据库"中新建组对象"历史趋势曲线组对象",其组对象成员为液体 A 流量、液体 B 流量及混合液流量 3 个变量。设置定时存盘,存盘周期为 60s。

2. 插入历史曲线构件

在用户窗口"趋势曲线"插入"历史曲线"构件,完成相应变量数据的历史趋势曲线显示,这里以液体 A 流量等变量为例。历史曲线构件如图 8-5 所示。

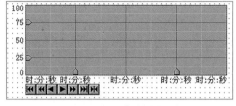

图 8-5　历史曲线构件

3. 历史曲线构件设置

根据液体 A 流量等变量信息,设置历史曲线构件的设置。

(1)基本属性设置。在历史曲线构件属性设置中设置相应的基本属性,如图 8-6 所示。

- 曲线名称:定义历史曲线构件的名称。
- 曲线网格:定义历史曲线构件的主划线、次划线的数目、颜色、线型。
- 曲线背景:定义历史曲线构件的曲线背景颜色、边线颜色、边线线型。
- 不显示网格线:选中此项,则在运行时网格的网络线不可见。
- 显示透明曲线:选中此项,则运行时曲线的形式为透明曲线。

(2)存盘属性设置。在历史曲线构件属性设置中设置相应的存盘属性,如图 8-7 所示。历史存盘数据来源:历史趋势曲线组对象。

图 8-6　历史曲线构件基本属性

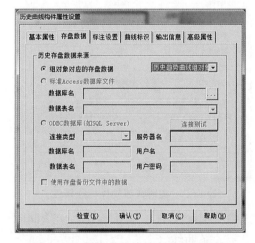

图 8-7　历史曲线构件存盘数据属性

- 组对象对应的存盘数据:选择一个定义好的组对象作为数据来源。

(3)标注设置。在历史曲线构件属性设置中设置相应的标注设置,如图 8-8 所示。

- X 轴标识设置:可以设置对应的列、坐标长度、时间单位、时间格式、标注间隔、标注颜色以及标注字体。

● 不显示 X 轴坐标：勾选此项则运行时将不显示 X 轴的标注。

● 曲线的起始点：选择合适的存盘数据，可以是"存盘数据的开头""当前的存盘数据"等 7 个起始点。

（4）曲线标识。在历史曲线构件属性设置中设置相应的曲线标识，如图 8 - 9 所示。

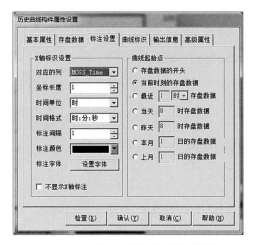

图 8 - 8　历史曲线构件标注设置

图 8 - 9　历史曲线构件曲线标识

项目九
触摸屏简单报表组态

学习目标

1. 掌握触摸屏数据一览的组态。
2. 掌握触摸屏数据报表的组态。
3. 掌握触摸屏存盘数据浏览的组态。
4. 了解相关国家标准，具备一定的工程素养。

重点难点

1. 自由表格构件的使用。
2. 历史表格构件的使用。
3. 存盘数据浏览构件的使用。

项目引入

计算机普及之前，在工业控制中报表往往由操作工手工记录完成，同趋势曲线中的各时间点的数据采集方式相同，均由手工记录，费时费力且容易出错。本项目借助MCGSE嵌入版组态软件的自由表格构件、历史表格构件和存盘数据浏览构件实现数据一览、数据报表及存盘数据浏览等功能。

分析：

（1）在数据一览中，实现烘干泵机组、清洗泵机组、流量及液位的分区域显示，且实时显示其动态数据。

（2）在数据报表中，实现相对复杂的数据显示功能。可按班级对需显示的数据，如历史报表组对象所对应的成员数据的数据报表，实现取平均值、求和等基本数据分析功能。组对象成员有烘干泵实时功率反馈、烘干泵实时频率反馈、烘干泵实时电流反馈、清洗泵实时功率反馈、清洗泵实时频率反馈、清洗泵实时电流反馈、液体 A 流量、液体 B 流量、混合液流量、混合罐液位、灌装罐液位。

（3）在存盘数据浏览中，可实现对存盘数据的存储与读取等功能，且可根据需要设置自定义时间段内的任意存盘数据的读取。

具体做法：

（1）利用自由表格构件在单一用户窗口中绘制多个自由表格构件，并分别对应烘干泵机组、清洗泵机组、流量及液位等，实现分区实时显示。

（2）先在实时数据库定义相应的组对象及成员，再在用户窗口中利用历史表格构件来实现显示静态数据、实时数据库的动态数据、历史数据库中的历史记录和统计结果等功能。

（3）利用存盘数据浏览构件实现对数据库进行各种操作和数据浏览功能。

通过本项目的学习，能够掌握 MCGS 嵌入版组态软件工具箱（自由表格构件、历史表格构件和存盘数据浏览构件）的使用方法以及简单数据报表的组态设计。

拓展项目 5 – 1
简单报表组态
（实时）

任务一　数据一览

利用自由表格构件的表格功能，实现数据一览。在运行状态下，表格构件中的各个表格表元能够实时显示所连接的数据对象动态数据，而对没有建立连接数据对象的表格表元，只显示不合格表元的原有内容，不进行动态显示。

数据一览也可以直接用"标签"实现各个数据的实时动态显示。

1. 添加泵机组相关变量

在 MCGS 嵌入版组态软件的"工作台"界面下的"实时数据库"页面，添加表 9 – 1 所示泵机组对应变量。

表 9 – 1　数据一览变量清单

序号	对象名称	对象类型	工程单位	数值范围	小数位数	连接 PLC 通道
1	烘干泵实时功率反馈	数值	kW	0 ～ 15	1	MD300
2	烘干泵实时频率反馈	数值	Hz	0 ～ 50	0	MD304
3	烘干泵实时电流反馈	数值	A	0 ～ 12	2	MD308
4	清洗泵实时功率反馈	数值	kW	0 ～ 5	1	MD312
5	清洗泵实时频率反馈	数值	Hz	0 ～ 10	0	MD316
6	清洗泵实时电流反馈	数值	A	0 ～ 50	2	MD320

2. 插入自由表格构件

在 MCGS 嵌入版组态软件的"工作台"界面下，新建窗口"数据报表"，打开并插入"自由表格"构件，如图9-1所示。

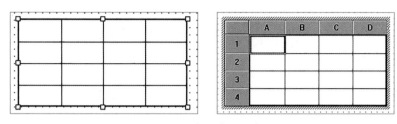

图9-1　自由表格组态

3.自由表格设置

双击"自由表格"构件或右击选择"属性"，进入自由表格属性设置状态（见图9-1右图）。在属性设置状态下，其工具栏如图9-2所示。

图9-2　自由表格构件工具栏

在自由表格属性设置状态下，进行表格静态属性设置，如增加/删除行列操作。以烘干泵机组数据一览表格为例，设置自由表格为4行3列，并利用"填充色" 🖼️工具修改表格表头的填充颜色，"线色" 🖼️工具修改表格的边线颜色，"字符色" 🖼️工具修改表格内文字颜色。清洗泵机组及流量液位等数据一览方法相同。数据一览组态效果如图9-3所示。

烘干泵机组		
变量名称	实时数据	单位
实时功率反馈		kW
实时频率反馈		Hz
实时电流反馈		A

流量及液位		
变量名称	实时数据	单位
液体A流量		m³/h
液体B流量		m³/h
混合流量		m³/h
混合罐液位		mm
灌装罐液位		mm

清洗泵机组		
变量名称	实时数据	单位
实时功率反馈		kW
实时频率反馈		Hz
实时电流反馈		A

图9-3　数据一览组态效果

4.自由表格连接动态数据

（1）自由表格连接状态。在自由表格的属性设置状态下，选中自由表格并右击选择

"连接"或单击"进入 / 退出连接状态" ，进入自由表格的连接状态，如图 9 - 4 所示。

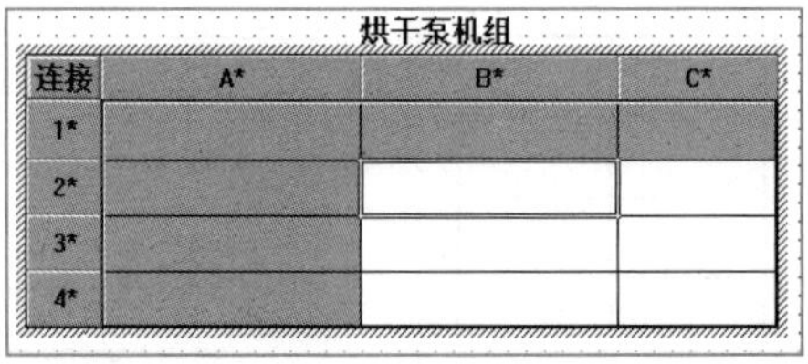

图 9 - 4　自由表格连接状态

（2）自由表格表元连接动态数据。在所需连接动态数据变量的表元上右击，在"变量选择"对话框中选择对应的动态数据变量，如"烘干泵实时功率反馈"变量。如图 9 - 5 所示。

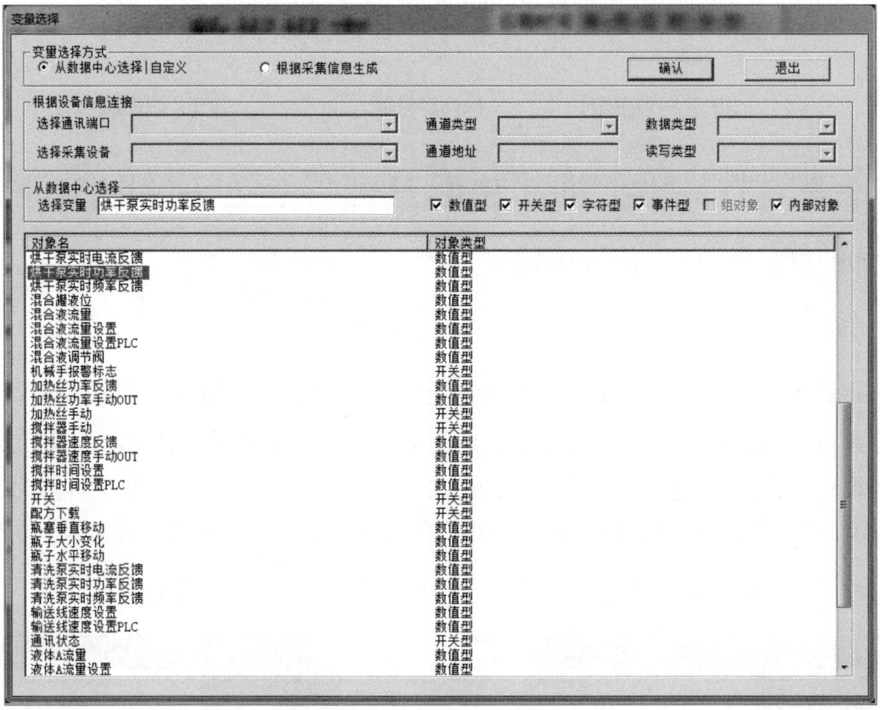

图 9 - 5　自由表格变量选择

动态数据连接组态完成效果如图 9 - 6 所示。

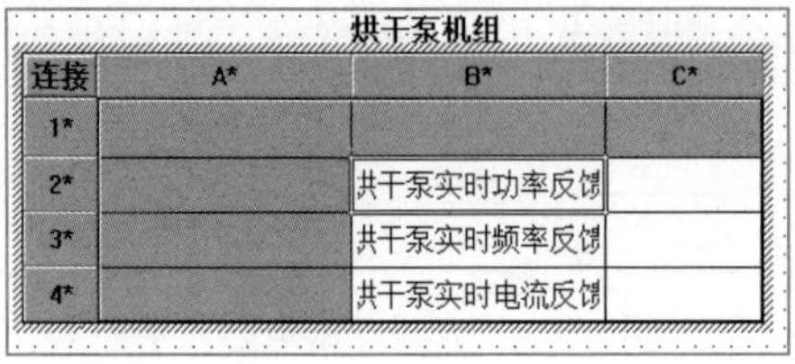

图 9 - 6　动态数据连接组态完成效果

清洗泵机组及流量液位等数据一览连接动态数据变量方法相同。

5. 自由表格仿真验证

利用自由表格实现数据一览功能，仿真效果如图 9-7 所示。

图 9-7 数据一览组态仿真效果

任务二 数据报表

在 MCGS 嵌入版组态软件中，历史表格构件拥有强大的报表和统计功能，所以在 MCGS 触摸屏中报表的生成由历史表格构件来实现。历史表格构件可以显示静态数据、实时数据库的动态数据、历史数据库中的历史记录和统计结果，可以很方便、快捷地完成各种报表的显示、统计和打印任务。此外，在历史表格构件中内建了数据库查询功能和数据统计功能，可以很轻松地完成各种查询和统计任务。

拓展项目 5-2
简单报表组态
（历史）

1. 添加历史报表组对象变量

在"工作台"界面的"实时数据库"页面中，添加组对象变量"历史报表组对象"。具体清单表 9-2。

表 9-2 历史报表组对象清单

序号	对象名称	对象类型	存盘周期	组对象成员
1	历史报表组对象	组对象	3 600s	烘干泵实时功率反馈、烘干泵实时频率反馈、烘干泵实时电流反馈、清洗泵实时功率反馈、清洗泵实时频率反馈、清洗泵实时电流反馈、液体 A 流量、液体 B 流量、混合液流量、混合罐液位、灌装罐液位

2. 插入历史表格构件

"工作台"界面下，新建窗口"数据报表2"，打开并插入"历史表格"构件，如

图 9-8 所示。

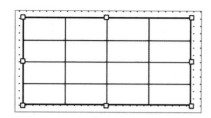 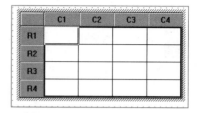

图 9-8　历史表格构件

3. 历史表格设置

双击"历史表格"构件或右击选择"属性",进入历史表格属性设置状态(见图 9-8 右图)。

在历史表格属性设置状态下,进行表格静态属性设置。以每隔 8h 出一张报表为例,设置历史表格为 11 行 13 列,并利用"合并表元" 🔲 工具合并表格相应的行列,"填充色" 🔳 工具修改表格表头的填充颜色,"线色" 📊 工具修改表格的边线颜色,"字符色" 📊 工具修改表格内文字颜色。数据报表组态效果如图 9-9 所示。

时间	变量	烘干泵			清洗泵			液体A 流量	液体B 流量	混合液 流量	混合罐 液位	灌装罐 液位
		实时功率 反馈	实时频率 反馈	实时电流 反馈	实时功率 反馈	实时频率 反馈	实时电流 反馈					
	数据											
求平均值												

图 9-9　数据报表组态效果

注意:在历史表格中可单独修改任一表元的字体、字号及颜色等设置,与自由表格不同。

4. 连接动态数据

(1)历史表格连接状态。在历史表格的属性设置状态下,选中历史表格并右击选择"连接"或单击"进入/退出连接状态" 🔲 进入历史表格的连接状态,并在选中历史表格"R3C1 到 R10C13"表格表元矩形区域,再单击菜单"表格"下的"合并表元"。如图 9-10 所示。

斜线处为合并表元后的"R3C1 到 R10C13"的表格表元矩形区域。

(2)历史表格表元连接动态数据。在历史表格的"合并表元"区域,即"R3C1 到 R10C13"的表格表元矩形区域,连接所需的数据库。双击或右击弹出"数据库连接设置"对话框。

连接	C1*	C2*	C3*	C4*	C5*	C6*	C7*	C8*	C9*	C10*	C11*	C12*	C13*
R1*													
R2*													
R3*													
R4*													
R5*													
R6*													
R7*													
R8*													
R9*													
R10*													
R11*													

图 9 - 10　历史表格连接状态

基本属性：在数据库连接设置窗口中可以设置数据库的连接方式和数据来源等，如图 9 - 11 所示。历史表格构件与历史数据库的连接方式有两种，直接显示历史数据库中的历史记录或显示统计结果。

直接显示历史数据库中的历史记录，即在指定的表格单元内显示满足时间或者数值条件的数据记录，在历史表格中的每一行显示一条满足条件的记录。

显示统计结果，即在指定的表格单元内，显示数据记录的统计结果，在对应关系属性页可以对每个字段分别设置统计方式。在历史表

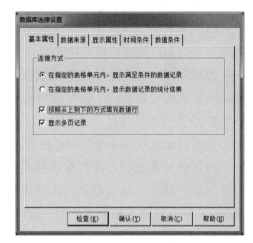

图 9 - 11　数据库连接设置基本属性

格构件中内建了求和、求平均值、求最大值、求最小值、首记录、末记录和求累积量 7 种统计方式。

说明：勾选"按照从上到下的方式填充数据行"，则历史表格数据为按列从上到下填充数据。不勾选此复选框，则为按列从左到右填充数据。

数据来源：在数据来源页面选择组对象对应的存盘数据作为历史表格的数据来源，即历史报表组对象，如图 9 - 12 所示。因采用 MCGS 自建文件系统来管理数据存储，用户不能再使用标准 ACCESS 数据库或 ODBC 数据库等作为数据来源。

显示属性：在显示属性页中，还可以设置时间显示的格式，如图 9 - 13 所示。按照前面的表格设置，按顺序依次添加变量至对应的数据列。注意 C2 列为空白列，不进行动态数据显示。如图 9 - 13 所示。

时间条件：在时间条件属性页中，时间条件用于设置查询记录的时间范围，无排序功能，即只允许时间的升序排列自然顺序。

图 9 - 12 数据库连接设置数据来源 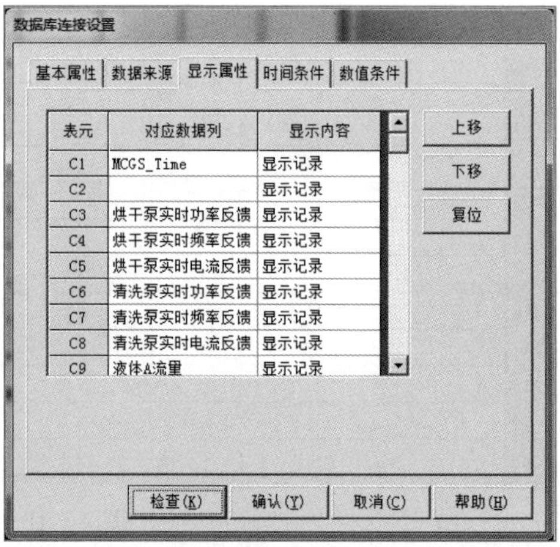　　　　图 9 - 13 数据库连接设置显示属性

时间条件共有 4 种方式，分别是所有存盘数据；最近时间，如 60min；固定时间，如当天、分割时间点 0 点；按变量设置的时间范围处理存盘数据。

数值条件：数值条件用于设置查询记录的值条件；数据列表表示历史存盘数据里面对应变量的历史数值；比较对象则表示当前实时数据库中变量的当前值。

5. 动态刷新及仿真

为更好地显示报表中的历史数据，需对历史表格构件中的数据进行实时刷新。

可新建标准按钮，并在按钮脚本程序中输入页面刷新脚本程序或在"用户窗口属性设置"循环脚本中输入刷新脚本程序实现刷新功能，可自动调节循环时间，如循环时间200ms。刷新脚本程序如下：用户窗口 . 数据报表 2.Refresh( )。

任务三　存盘数据浏览

存盘数据浏览构件可以实现对数据库进行各种操作和数据浏览功能。使用存盘数据浏览构件，用户可以将数据库中的数据列字段与 MCGS 嵌入版数据对象建立连接，取得、浏览数据库中的存盘数据记录。

1. 添加存盘数据组对象变量

此处以历史报表组对象为例进行介绍，不再另行添加存盘数据组对象变量。

2. 插入存盘数据浏览构件

在 MCGS 嵌入版组态软件的"工作台"界面下，新建窗口"存盘数据"，打开并插入"存盘数据浏览"构件，如图 9 - 14 所示。

3. 存盘数据浏览构件设置

双击"存盘数据浏览"构件或右击选择"属性"，进

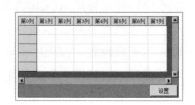

图 9 - 14　"存盘数据浏览"构件

入存盘数据浏览属性设置状态。存盘数据浏览构件属性设置如下：

（1）基本属性设置：可修改构件名称为存盘数据浏览控件。

（2）数据来源设置：数据来源选择"历史报表组对象"对应的存盘数据。

（3）显示属性设置：在显示属性页中，用户可以设置数据列名、显示标题、输出变量、显示格式、对齐方式以及列宽，同时可以设置时间显示格式。存盘数据清单见表9-3。

表 9-3　存盘数据清单

序号	数据列名	显示标题	单位	参考列宽度
00	MCGS 序号	序号		40
01	MCGS_Time	日期＆时间		200
02	烘干泵实时功率反馈	烘干泵实时功率反馈	kW	140
03	烘干泵实时频率反馈	烘干泵实时频率反馈	Hz	140
04	烘干泵实时电流反馈	烘干泵实时电流反馈	A	140
05	清洗泵实时功率反馈	清洗泵实时功率反馈	kW	140
06	清洗泵实时频率反馈	清洗泵实时频率反馈	Hz	140
07	清洗泵实时电流反馈	清洗泵实时电流反馈	A	140
08	液体 A 流量	液体 A 流量	m³/h	120
09	液体 B 流量	液体 B 流量	m³/h	120
10	混合液流量	混合液流量	m³/h	120
11	混合罐液位	混合罐液位	mm	120
12	灌装罐液位	灌装罐液位	mm	120

存盘数据浏览构件属性设置窗口如图9-15所示。

时间条件：用于设置来源数据库中要被处理数据的时间范围和排序方式。排序列名为需要进行排序的字段，默认为时间字段并按升序处理。时间列名为来源数据表中的时间字段，处理时以该字段为依据确定时间范围，必须正确设置。没有时间字段的数据表不能进行处理操作。本构件提供四种选择时间范围的方式。

数值条件：用来指定来源数据表中，只有数据列的值满足指定条件的数据记录才能被处理。数值条件和时间条件的关系是"和"的关系，即运行时，只对同时满足时间条件和数值条件的数据记录进行处理。如没有必要，可以

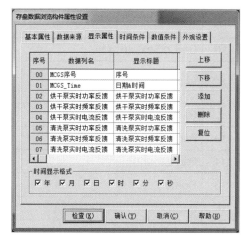

图 9-15　存盘数据浏览构件属性设置

不组态设置数值条件。

外观设置：设置存盘数据浏览构件的外观，包括固定单元格的属性以及滚动单元格的属性，包括其字体和颜色。

存盘数据画面组态效果如图 9 - 16 所示。

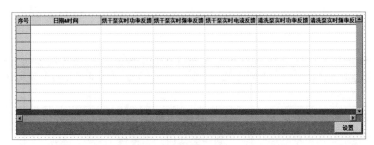

图 9 - 16　存盘数据画面组态效果

存盘数据浏览构件函数清单见表 9 - 4。

表 9 - 4　存盘数据浏览构件函数清单

序号	函数	类别	函数功能	类型
1	Row	属性	获得、设置表格的当前行	数值型
2	Col	属性	获得、设置表格的当前列	数值型
3	Cols	属性	获得、设置表格的列数	数值型
4	DataRows	属性	存盘数据的总行数	数值型
5	DataRow	属性	存盘数据的当前选中的行号	数值型
6	DataFirstVisibleRow	属性	存盘数据的第一个可见行的行号	数值型
7	RowsPerPage	属性	每页可以显示的行数	数值型
8	GetRowSelect(RowNo)	方法	检查 RowNo 行是否被选中	
9	SetRowSelect(RowNo,n)	方法	设置 RowNo 行是否被选中。n 为 1 时选中；n 为 0 时不选	数值型
10	GetColSelect(ColNo)	方法	检查 ColNo 列是否被选中	
11	SetColSelect (ColNo,n)	方法	设置 ColNo 列是否被选中。n 为 1 时选中；n 为 0 时不选	数值型
12	GetCellValue(RowNo,ColNo)	方法	获得指定表格内的值	字符型
13	PageUp()	方法	向上翻页	
14	PageDown()	方法	向下翻页	
15	Home()	方法	向上翻页到存盘数据的开头	
16	End()	方法	向下翻页到数据存盘的结尾	
17	MoveUp()	方法	向上移动一行	
18	MoveDown()	方法	向下移动一行	

续表

序号	函数	类别	函数功能	类型
19	MoveLeft()	方法	向左移动一列	
20	MoveRight()	方法	向右移动一列	
21	SeekToPositI/On (n)	方法	直接定位到指定的位置	
22	SetTimeDialog()	方法	打开时间条件设置对话框	
23	GetColFormat (ColNo)	方法	获取列的格式字符串	
24	SetColFormat (ColNo,Char)	方法	设置指定列的格式字符串	
25	GetColWidth (ColNo)	方法	获取指定列的宽度	
26	SetColWidth (ColNo,Width)	方法	设置指定列的宽度	
27	GetColAlign(ColNo)	方法	获取指定列的对齐方式	
28	SetColAlign(ColNo,Align)	方法	设置指定列的对齐方式	
29	GetColTitle (ColNo)	方法	获取指定列的标题字符串	字符型
30	SetColTitle (ColNo,Char)	方法	设置指定列的标题字符串	数值型
31	GetColUnit(ColNo)	方法	获取指定列的单位字符串	字符型
32	SetColUnit (ColNo,Char)	方法	设置指定列的单位字符串	数值型
33	PrintContext (iColStart,iColCount)	方法	打印指定的数据	数值型

4.存盘数据浏览翻页功能设置

（1）存盘数据翻页按钮组态。在"存盘数据浏览"窗口中，在工具箱里选择"标准按钮" 按钮 工具，并绘制标准按钮，在"图形对象的大小和位置"调整栏中调整"标准按钮"图元的尺寸及位置，建议尺寸50像素×50像素。

在标准按钮构件属性设置"基本属性"中，勾选图形设置并选择位图，在对象元件库管理中"装入"相应的图形位图，如图9-17所示。

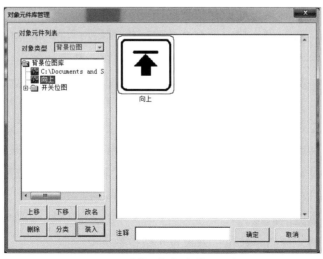

图9-17 "装入"相应的图形位图

图形设置完成后，可在标准按钮构件属性设置"基本属性"中进行预览，如图 9-18 所示。

图 9-18　标准按钮构件属性设置预览效果

用相同方法完成 Home 至开头 ⬆️、End 至结尾 ⬇️、向上移动一行 ⬆️、向下移动一行 ⬇️、向左移动一列 ⬅️、向右移动一列 ➡️ 等按钮，如图 9-19 所示。

图 9-19　标准按钮箭头组态效果

在标准按钮构件属性设置的"脚本程序"或按钮事件中"Click"连接脚本程序实现数据浏览翻页功能。脚本程序如下：

⬆️ "Home 至开头"脚本程序：存盘数据浏览.存盘数据浏览.Home( )

⬇️ "End 至结尾"脚本程序：存盘数据浏览.存盘数据浏览.End( )

⬆️ "向上移动一行"脚本程序：存盘数据浏览.存盘数据浏览.MoveUp( )

⬇️ "向下移动一行"脚本程序：存盘数据浏览.存盘数据浏览.MoveDown( )

⬅️ "向左移动一列"脚本程序：存盘数据浏览.存盘数据浏览.MoveLeft( )

➡️ "向右移动一列"脚本程序：存盘数据浏览.存盘数据浏览.MoveRight( )

（2）存盘数据总条数统计。在"存盘数据浏览"窗口中，插入"标签"图元并命名为"数据总条数"和"######"。其中标签"######"用于显示存盘数据的总条数统计值。

在标签"属性设置"中勾选"显示输出"并在"显示输出"中进行设置。

表达式："存盘数据浏览.存盘数据浏览.DataRows"。

输出值类型：数值量输出。

输出格式：取消"自然小数位"并设置小数位数为 0。

存盘数据浏览画面组态效果如图 9-20 所示。

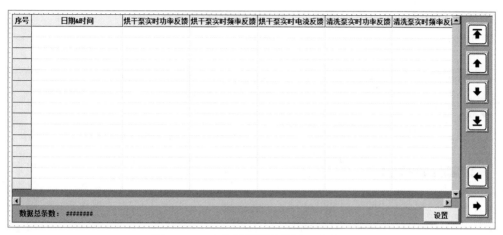

图 9 - 20　存盘数据浏览画面组态效果

5. 存盘数据浏览数据清空与导出功能设置

（1）"数据清空"按钮功能。在"存盘数据浏览"窗口中，插入"标准按钮"并命名为"数据清空"，在标准按钮构件属性设置的"脚本程序"或按钮事件中"Click"连接脚本程序实现数据清空功能。

（2）"数据导出"按钮功能。在"存盘数据浏览"窗口中，插入"标签"和"输入框"，并关联系统内建数据对象"InputSTime"和"InputETime"，用于输入数据导出的时间段设置。

在"存盘数据浏览"窗口中，插入"标准按钮"并命名为"数据导出"，在标准按钮构件属性设置的"脚本程序"或按钮事件中"Click"连接脚本程序实现数据清空功能。

存盘数据相关部分函数见表 9 - 5。

表 9 - 5　存盘数据相关部分函数

序号	函数	函数功能	实例
1	!DelAllSaveDat(DataName)	删除组对象 DataName 对应的所有存盘数据	!DelAllSaveDat（历史报表组对象）
2	!TransToUSB()	将 XXX 组对象的存盘数据导出到 USB HARDDISK 目录下，保存为"XXX.csv"文件	!TransToUSB(" 历史报表组对象 ",InputSTime,InputETime, 导出状态 , 进度指示 ,0," ")

"可见度属性"设置，当当前登录用户为系统管理员组成员时，显示"数据清空"和"数据导出"按钮并进行相应操作，其他用户组成员无此权限。

可见度表达式：!strComp(!GetCurrentUser( )," 系统管理员 ")=0

在"数据清空"和"数据导出"按钮输入页面刷新脚本程序或在"用户窗口属性设置"循环脚本中输入刷新脚本程序实现刷新功能，可自动调节循环时间，如循环时间200ms。

刷新脚本程序如下：用户窗口.存盘数据浏览.Refresh( )

存盘数据浏览组态仿真效果如图 9 - 21 所示。

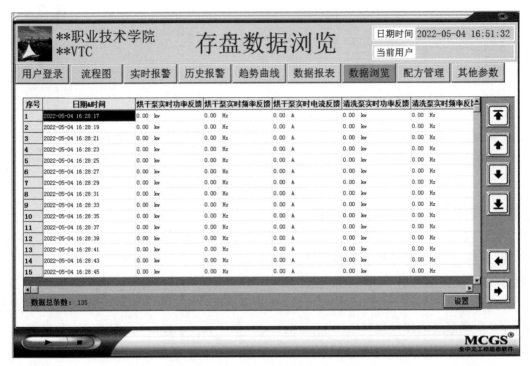

图 9 - 21　存盘数据浏览组态仿真效果

注：为减少仿真时间及显示效果，人为把"历史报表组对象"存盘周期调整为 2s。

项目十

触摸屏其他功能

📚 | 学习目标

1. 掌握触摸屏报警策略的组态。

2. 掌握触摸屏 PID 整定画面组态。

3. 了解触摸屏双语组态。

4. 了解相关国家标准，具备一定的工程素养。

📖 | 重点难点

1. 利用报警策略实现弹出式报警的组态。

2. PID 整定画面的绘制。

3. 触摸屏中英文双语组态。

📖 | 项目引入

分析：

（1）在触摸屏使用或设计过程中，往往会涉及报警组态，报警功能除前面所学的组态方法以外，还可以采用弹出式报警等方式。

（2）在流程类控制系统中，大量使用 PID 来控制温度、流量和液位等，利用之前所学组态知识实现 PID 整定画面的组态。

（3）在触摸屏组态开发过程中，针对不同的用户群体，有时需对触摸屏显示进行中英文多语言组态。

具体做法：

（1）利用运行策略中的报警策略及打开子窗口函数 !OpenSubWnd() 来实现弹出式报警画面的组态及应用。

（2）利用实时曲线构件和标签、输入框等图元对象，实现实测值、设定值以及 PID

参数的整定画面组态。

（3）利用触摸屏的中英文多语言设置功能，实现触摸屏的中英文双语言切换。

通过本项目的学习，能够掌握 MCGS 嵌入版组态软件工具箱的使用方法以及简单流程图的组态设计。

拓展项目 6
控制策略

任务一　报警策略——弹出式报警组态

利用运行策略中的报警策略可实现弹出式报警组态。在系统运行的情况下，当发生相应的报警时，弹出式报警画面可在当前画面上方且只显示局部窗口的报警画面。具体的弹出式报警组态方法如下。

1. 弹出式报警组态页面绘制

（1）绘制弹出式报警画面。新建用户窗口并命名为"弹出式报警"。在用户窗口"弹出式报警"中插入常用符号中的"凹槽平台"，并设置坐标为（0，0），尺寸为 280 像素 × 120 像素。在"插入元件"中选择"标志"图形对象库，选择"标志 23"；添加"标签"并输入"机械手过载故障"文本；添加标准按钮，并命名为"确定报警"。弹出式报警画面效果如图 10 - 1 所示。

（2）按钮"确定报警"功能组态，关闭弹出式报警画面。

方法一：在标准按钮"操作属性"中勾选关闭用户窗口，并关联"弹出式报警"窗口，可以在抬起功能或按下功能中实现。

图 10 - 1　弹出式报警画面效果

方法二：在标准按钮"脚本程序"或事件组态中，关联脚本程序"!CloseSubWnd（弹出式报警）"。

2. 报警策略组态

关闭窗口并返回到 MCGS 嵌入版组态环境"工作台"界面。

（1）新建报警策略。在 MCGS 嵌入版组态软件的"工作台"界面的"运行策略"中单击"新建策略"新建一个报警策略，具体如下：

策略名称：机械手报警策略。

策略执行对象：用于与实时数据库的数据对象连接，此处连接变量"机械手报警标志"。

对应报警状态：对应的报警状态有三种，分别为"报警产生时，执行一次""报警结束时，执行一次"以及"报警应答时，执行一次"。此处选择"报警产生时，执行一次"。

确认延时时间：如设置延时时间为 100ms，则当报警产生时，延时 100ms 后，系统检查"机械手报警标志"是否仍处在报警状态。如果"机械手报警标志"仍处在报警状态，则报警条件成立，报警策略被系统自动调用一次。

运行策略组态界面如图 10 - 2 所示。

（2）增加策略行。在"运行策略组态界面"中，双击"机械手报警策略"，打开并进入策略组态画面，单击"新增策略行" 按钮，如图10-3所示。

图10-2　运行策略窗口组态界面

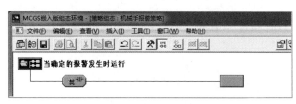

图10-3　策略行组态画面

（3）增加策略运行条件。连接表达式：机械手报警标志，并选择"表达式的值非0时条件成立"。策略行组态说明如图10-4所示，图中已增加脚本程序构件。

图10-4　策略行组态说明

（4）增加策略构件。在脚本程序中输入脚本 !OpenSubWnd(弹出式报警,370,260,280,120,16) 实现弹出式报警功能。弹出式报警仿真效果如图10-5所示。

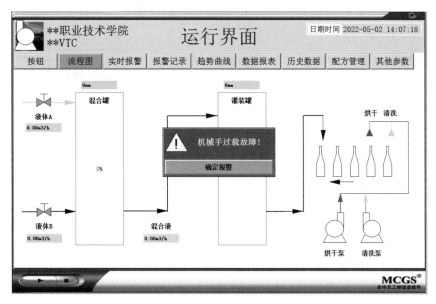

图10-5　弹出式报警仿真效果

当"机械手报警策略"的策略行条件满足时，"弹出式报警"窗口可在任意画面中进行弹出式报警。单击"确定报警"按钮可关闭弹出式报警。

任务二 PID 整定画面组态

PID 整定画面主要作用是用户可以用 PID 整定画面来启动自整定的功能，通过对实测值和目标值的参数监控和实时曲线分析辅助调节 PID 整定，如图 10-6 所示。

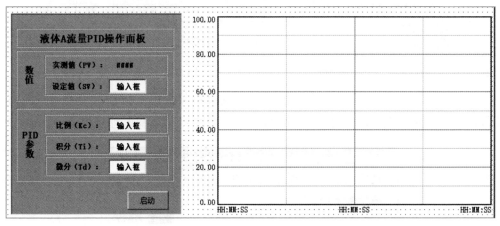

图 10-6 PID 整定画面组态

1. 绘制 PID 调节对象参数画面

PID 操作画板如图 10-7 所示：PV 表示实测值或现场测量值，即被控量的当前值；SV 表示设定值，即被控量设定的控制值。

（1）在"工具箱"中选择添加"标签"并输入"液体流量 A"文本。

（2）在"工具箱"中选择添加"矩形"，选中矩形画面，右击并依次选择"排列""最后一层"。

（3）利用"工具"中的"标签""输入框"功能完善 PID 调节对象参数。

（4）根据对象控制要求关联相关参数。

2. 绘制 PID 整定参数画面

根据 P、I、D 的调节顺序依次绘制 PID 整定参数（见图 10-7）。

（1）根据绘制"PID 调节对象参数画面"的方法绘制 PID 整定画面中的"文本""矩形""输入框"等内容。

（2）选择添加"工具"的"标准按钮"，作为 PID 整定的启停控制按钮。

（3）根据控制要求分别关联相关参数。

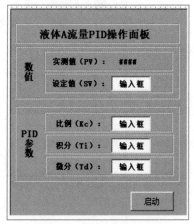

图 10-7 PID 操作面板

3. 实时曲线的绘制

实时曲线的主要作用是对 PID 整定后的参数进行实时监控，来判断 PID 参数设置的合理性并进行相应的参数调整。绘制"实时曲线"功能，详见"项目八　任务一　实时曲线"。

技能拓展

触摸屏中英文双语切换

针对不同的用户群体，可以根据实际使用时的具体需要进行工程界面语言的修改。

在"运行界面"用户窗口，新建一个中英文切换标签，用于 MCGS 界面的中文与英文的双语切换。

（1）切换功能按钮组态。新建两个"标准按钮"，双击按钮并分别命名为"中文"和"English"。

"中文"切换按钮组态：在"中文"标准按钮图元的"脚本程序"的"按下脚本"中，输入如下脚本程序：!SetCurrentLanguageIndex(0)。

"English"切换按钮组态：在"English"标准按钮图元的"脚本程序"的"按下脚本"中，输入如下脚本程序：!SetCurrentLanguageIndex(1)。

（2）切换功能按钮的可见度组态。实现触摸屏运行时，实现"中文""English"标准按钮的可见度显示。

在"中文"标准按钮图元的"可见度属性"中输入表达式：!GetCurrentLanguageIndex( )=1。

在"English"标准按钮图元的"可见度属性"中输入表达式：!GetCurrentLanguageIndex( )=0。

（3）切换按钮的基本属性设置。

按钮尺寸："中文"按钮设置为左顶点坐标（640，10）、图形对象大小 85 像素 ×25 像素；"English"按钮设置为左顶点坐标（640，10）、图形对象大小 85 像素 ×25 像素。

背景色：选择白色 FFFFFF。

（4）多语言配置。在菜单栏选择"工具"→"多语言配置…"，弹出"多语言配置"对话框，如图 10-8 所示。

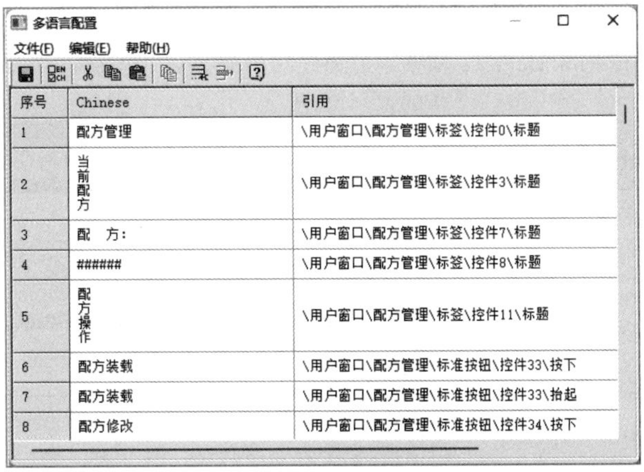

图 10-8　多语言配置对话框

在"多语言配置"对话框中,单击"打开语言选择对话框…"按钮 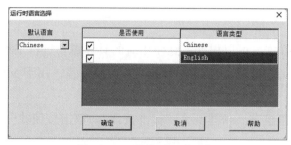 ,在"运行时语言选择"对话框中同时勾选"Chinese"和"English",单击"确定"后退出,如图 10 - 9 所示。

图 10 - 9 运行时语言选择

此时,在"多语言配置"对话框中会显示有"Chinese"和"English"两列,并对应完成"English"列的标题。中英文双语切换效果如图 10 - 10 所示。

图 10 - 10 中英文双语切换效果

在脚本程序中可直接调用相关多语言设置等系统函数,来获取当前语言索引值和设置当前语言环境等,见表 10 - 1。

表 10 - 1 多语言配置相关函数

序号	函数	函数意义	返回值类型	实例
1	!GetCurrentLanguageIndex( )	用于获取当前使用的语言的索引值	开关型	!GetCurrentLanguageIndex( )=1
2	!SetCurrentLanguageIndex (开关型)	通过索引项设定当前语言环境	开关型	!SetCurrentLanguageIndex(0)
3	!GetLocalLanguageStr (开关型)	获得指定自定义 ID 对应的当前语言的内容	字符型	!GetLocalLanguageStr(2)
4	!GetLanguageNameByIndex (开关型)	根据语言索引值返回语言名称	字符型	!GetLanguageNameByIndex(1)

参考文献

［1］ 深圳昆仑通态科技有限责任公司.MCGS嵌入版参考手册［Z］.2018.

［2］ 西门子公司.西门子S7-1200可编程控制器系统手册［Z］.2016.

［3］ 三菱电机（中国）有限公司.MELSEC IQ-F FX5U用户手册（硬件篇）［Z］.2017.

［4］ 三菱电机（中国）有限公司.MELSEC FX3U系统微型可编程控制器用户手册（硬件篇）［Z］.2010.